（德）马库斯·韦伯　（德）尤迪特·韦伯　著

关玉红　译

奇妙物理学

恼人又不可或缺的物理知识

为什么物理有时会令人厌烦，

却永远那么伟大？

因为它解释了我们周围发生的一切

辽宁科学技术出版社

·沈阳·

书中所列举的实验均经过精心筛选。然而，即使按照规定去准备和操作，这些实验仍然具有危险性。在实施本书所列实验时，遇到任何风险均由您自行承担。出版商和作者对操作书中所述实验造成的任何损害不承担责任。

若本书包含指向第三方网站的链接，我们对其内容不承担任何责任，我们只是提及其在首次发布时的状态，并未引用。

Original title: Phantastisch physikalisch. Warum Physik manchmal nerven kann, aber immer großartig ist – und einfach alles um uns herum erklärt
by Marcus Weber and Judith Weber
© 2021 by Wilhelm Heyne Verlag
a division of Penguin Random House Verlagsgruppe GmbH, München, Germany.

©2023 辽宁科学技术出版社
著作权合同登记号：第06–2022–75号。

图书在版编目（CIP）数据

奇妙物理学：恼人又不可或缺的物理知识 /（德）马库斯·韦伯，（德）尤迪特·韦伯著；关玉红译. —沈阳：辽宁科学技术出版社，2023.5
ISBN 978–7–5591–2904–8

Ⅰ.①奇… Ⅱ.①马… ②尤… ③关… Ⅲ.①物理学—普及读物 Ⅳ.①O4–49

中国国家版本馆 CIP 数据核字 (2023) 第 025593 号

出版发行：辽宁科学技术出版社
　　　　　（地址：沈阳市和平区十一纬路 25 号　邮编：110003）
印　刷　者：辽宁新华印务有限公司
经　销　者：各地新华书店
幅面尺寸：145mm × 210mm
印　　张：5.25
字　　数：200 千字
出版时间：2023 年 5 月第 1 版
印刷时间：2023 年 5 月第 1 次印刷
责任编辑：张歌燕
装帧设计：袁　舒
责任校对：徐　跃

书　　号：ISBN 978–7–5591–2904–8
定　　价：49.80 元

联系电话：024-23284354
邮购热线：024-23284502
E-mail:geyan_zhang@163.com

目 录

7　序言

如何扑灭烤架上的三文鱼之火

9　自行车道上的超人

为什么我们总是遭遇逆风 ----- 9

空气比我们感觉的要重 ----- 10

终于感受到了顺风 ----- 13

可恶的侧风 ----- 15

21　太空中的吐司面包

"挑战者"号爆炸背后的故事——为什么橡胶体耐高温 ----- 21

轮胎为什么在霜冻下会变硬 ----- 23

竭力劝阻"挑战者"号发射的人 ----- 27

英雄还是叛徒 ----- 31

33　喂,你还在线吗?

覆盖信号盲区为何如此困难 ----- 33

附近的基站对我们的影响 ----- 38

具有超级力量的波 ----- 39

手机辐射到底有影响吗? ----- 42

47　倒塌的大桥

为什么振动可以产生戏剧性的效果 ----- 47

横冲直撞的洗衣机 ----- 49

鸣响的滤茶网 ----- 49

滤茶网的声音从何而来 ----- 52

涡流下的音乐 ----- 54

让人无法摆脱的万有引力 ----- 57

为何小孩儿不会摔得很重 ----- 59

重的物体不会下落更快 ----- 60

**57 不要把沙发扔出
窗外**
餐桌旁的引力 ----- 61

达尔文奖和万有引力 ----- 62

国际空间站上的食物为什么会飘浮 ----- 63

重力作用下的分层鸡尾酒 ----- 65

摆脱引力的 3 种方法 ----- 67

爆裂的玻璃窗 ----- 72

**72 儿童房中的意外
事件**
意面酱灾难 ----- 79

"温室"地球 ----- 80

**83 来自摩天大楼的
"死亡光线"**
有用又危险的透镜聚光效应 ----- 83

做一只蜜蜂的好处 ----- 90

可以被"驯服"的光 ----- 92

体验生活中的偏振光 ----- 92

**90 看见? 看不见?
偏振光下的不
同世界**
利用偏振滤镜拍摄出更蓝的天空 ----- 94

书房中的光影游戏 ----- 95

手机屏幕为什么忽亮忽暗 ----- 97

偏振光下的五彩缤纷 ----- 98

蝴蝶的伎俩 ----- 98

100　小心被电

火车上的小意外引发的思考 ----- 100

可以为我所用的静电 ----- 106

危险的交流电 ----- 107

致命的闪电 ----- 109

闪电从何而来 ----- 110

**113　不要让你的指甲
　　　 划过黑板**

让人起鸡皮疙瘩的噪声 ----- 113

听不清了怎么办 ----- 115

自制扬声器 ----- 116

声音到底是怎么传播的 ----- 117

花瓶扬声器 ----- 119

为何空杯子也能发出声音 ----- 120

不适合听音乐的自制扬声器 ----- 122

**124　讨厌！我的眼镜
　　　 起雾了**

起雾的眼镜 ----- 124

空气中的水蒸气 ----- 125

冰箱冷冻层里的霜 ----- 127

室内该如何正确通风 ----- 128

"好空气"还是"坏空气" ----- 129

除去镜面雾气的小窍门 ----- 130

干燥空气与潮湿空气谁更重 ----- 132

134　苹果手机失灵了?

氦气变声游戏 ----- 134

为什么只有 iPhone 新机型会宕机 ----- 136

给苹果手机捣乱的氦气 ----- 138

有趣的扩散实验 ----- 139

烹饪中的渗透法 ----- 140

起皱的指尖是怎么回事 ----- 141

因渗透效应而沉没的船舶 ----- 142

**143 暴露在辐射下的
我们**

实验室里的惊魂一刻 ----- 143

谢谢你，宇宙射线 ----- 148

自然辐射到底有多危险 ----- 149

人为造成的放射性 ----- 150

辐射对我们有什么影响 ----- 151

**157 "勇敢"号遇到
的难题**

开不快的船 ----- 157

世界上叫声最响的动物 ----- 160

速度最快的船终于名副其实了 ----- 161

空化效应在生活中的应用 ----- 162

空化效应与减肥 ----- 165

167 致谢

序言
如何扑灭烤架上的三文鱼之火

"我所了解的物理学是:东西会掉,被电会痛!"写在我办公室墙上的明信片背面的这句话说得没错。物理学可能会令人厌烦,所以有时我们对它宁愿视而不见。那次烧烤聚会上,三文鱼燃起火来就是个很好的例子。在一个炎热的夏夜,我们在朋友家的花园里聚会,烤架上的三文鱼上撒满了香草,美妙的味道扑鼻而来。觥筹交错中,我们听到一声尖叫:"烤架上着火了!"马库斯首先想到的是水,抑或是不是应该立刻把啤酒浇在上面?

幸运的是,对于烧烤的物理学知识,主人似乎比马库斯这位人群中唯一的物理学家还要了解。他阻止了马库斯浇啤酒的动作,经验十足地用烤肉钳把三文鱼从烤架上拿下来。当火渐渐熄灭时,大家对这位物理学家条件反射下想在油脂火上浇水的想法大笑不止,因为那会使火焰变成一个壮观的火球。水(或啤酒)会在炽热的烤架上立即蒸发,而水蒸气会带走无数小油滴,这些油滴会迅速燃烧起来,燃烧的面积会越来越大。这就是物理学!

在一些情况下,物理会使我们陷入困境。它行事冷酷,不考虑我们的感受。例如,我们骑自行车时总会遭遇逆风,眼镜蒙上一层雾气,移动互联网信号中断。

但是,没有写在明信片上的话,也是毋庸置疑的:每一个愚蠢事故和干扰效应背后都有一个美妙绝伦的物理学原理,一个可以帮助我们不论身处何处都可以安然摆脱困境的自然法则。现在，让我们来看看物理在哪些方面给我们的生活带来重重困难，并且找出其中原因，然后，试着去摆脱困境。如果技巧得当，物理学可以为我们服务。正确利用物理效应的话，回家路上遭遇的逆风吹在脸上的感觉就像一阵清新的微风，刺激我们的大脑达到巅峰。就这么说定了！祝大家享受物理带来的快乐！

自行车道上的超人

为什么我们总是遭遇逆风

旅游宣传手册中介绍的骑车旅行给人感觉总是那么悠闲轻松。人们面带笑容地在美丽的风景中骑行，阳光明媚，草地上鲜花盛开，微风拂面，秀发飞扬。而我们影集里的照片又是另外一种景象：俯身扶把，向前骑行，脸红通通的，T恤随风飘扬。我们第一次一起度假的相册里贴满了这样的照片。我们花了4周的时间骑车游览了古巴。那时候菲德尔·卡斯特罗还活着，我们的孩子还没有出生——这真是完美时机。我们在法兰克福机场将自行车作为特殊行李办理了托运，晚上在哈瓦那取车，随即出发上路。在4周的时间里，我们遇到了许多挑战，对于其中的大多数，我们都找到了解决办法：

- 食物不是随处都可以买到？路边有香蕉，在行李架上放一整串香蕉，不会影响骑行的。
- 不可以露营？总有一些好心人会提供沙发——只要在天亮前离开房子，警察就不会注意到。
- 用英语无法沟通？操着西班牙语腔调的法语，在单词结尾尽可能多地加上"o"的音，效果出奇地好。

只有一个问题，我们束手无策，那就是逆风。无论我们沿着海岸线，还是在内陆骑行，或穿过山区，无论向东、向南还是向北，我们总是遭遇逆风。但是，只要路线多样，风景随处可看，逆风也无所谓。

但是有一天，当我们在一条不知名的碎石路上艰难前行数小时后，晚上讨论的话题只有一个：一定要这样吗？骑车就一定要遭遇逆风吗？一定有办法可以战胜这恼人的逆风——甚至还可以将其为我们所用。

第二天，我们就做了一个小实验：从现在开始，我们早上骑车前会格外注意风向。或许有些风向不会形成逆风？就算是逆风，至少风力不会那么大吧？然而，因为我们是沿海骑行，风通常从海上吹来，所以观察风向对我们来说帮助不大。

但随后，我们迎来了风平浪静的一天。海面如镜般光滑，沿途的草叶纹丝不动。耶，终于等到没有逆风的一天！我们兴奋地骑上车准备出发。可是，等等，怎么还是感受到了逆风，而且风力还不小？其实，这也合情合理：当我们向前骑行时，风会朝我们吹来。也就是说，迎风骑行时，我们必须推动自己在空气中穿行。然而，令人惊讶的是，我们所感受到的逆风竟如此强烈。

我们一回到家就把自行车扔到角落里，开始用物理学与逆风对抗（知己知彼，百战不殆嘛）。我们很快就得出了一个令人沮丧的结论：问题出在我们自身。我们踩踏时所产生的动力大部分都用于对抗身体带来的空气阻力。骑行姿势和速度不同，阻力也不同，最高可达 90%。因此，我们正在用自己大部分力量来对抗一个自身产生的问题。物理怎么能如此令人沮丧！

空气比我们感觉的要重

沮丧也无济于事，我们必须面对事实。通常情况下，我们并不是因为感受到空气而认为空气存在，它始终都在。尽管如此，我们还是会感受到空气向我们挤压过来，并且还有一定的重量。1立方米空气重达1.2千克。而当这个重量的空气运动时，我们的脸就会感受到被挤压。如果我们站在草地中央静止不动，对周围流动的空气来说，我们就是一个路障。在风速为20千米/时的情况下，每秒会有近7千克的空气作用在一个正常身高的人身上。注意，是每秒！身高越高，作用在身上的空气重量就越大。在相同的风速下，每秒流经大型风力涡轮机转子扫过的表面的空气会有50吨重。这个巨大的空气重量让我们清楚地理解为什么风力涡轮机可以产生这么多电能。

即使在完全无风的情况下，流动阻力也会让我们感受到制动力。一个正常身高的成年人以20千米/时的速度行驶时，制动力大约是10牛顿，这是手持1千克重物，比如1升牛奶所需的力。这并不是指把牛奶放进自行车篮筐里，而是指用一根带有滑轮的绳子把牛奶盒持续不断地向上拉所需的力。这就是推开挡在前行道路上的空气所需要的力。注意，这仅是在无风的情况下！

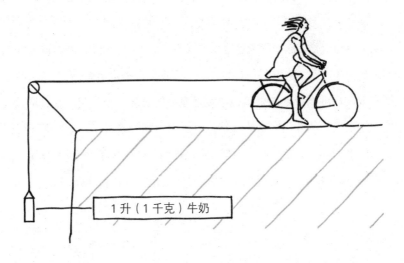

1升（1千克）牛奶

空气使我们前后受阻。身后阻力之所以产生，是因为我们非流线型的身形。骑行者的身体外形是不规则的。这听起来有些别扭，但是，从物理学角度观察，事实就是如此。不规则身形会导致空气涡流的形成。这些涡流消失之后，骑行者身后便形成一个低压区。身前的高压区是我们推动自身在空气中穿行的过程中产生的。这种压力落差把人拉向后方，至少通过计算得出的是这样的结论。因此，即使是正常的气流也给人带来逆风的感觉。

现在，再来说说真正的风，也就是我们终于停下来休息，一动不动时也能感受到的风（水手称其为"真风"）。行驶风和真风两者结合形成相对风[1]。这就是我们在自行车上感受到的风，需要用力蹬来对抗它。如果以 20 千米 / 时的速度骑行，同时还有 20 千米 / 时的真风扑面而来，就会产生 40 千米 / 时的相对风。这样的风速就是气象学家所说的"强风"，这时，雨伞会折断，粗壮的树枝也会摇晃。

当我们读到这些时，会觉得自己是真正的英雄。我们几乎每天都顶着具有一定风力等级的强风骑行。想起流动阻力产生的不寻常的物理困扰时，那种英勇无畏的感觉就更加强烈了。我们骑得越快，风力就越强。空气阻力真是可憎。它与气流速度的二次方（quadratisch: 正方形的；二次幂的）成正比。这里的"二次方"并不是指空气阻力绕过四个角，而是指它成比例地增加。如果骑行速度是原来的 2 倍，空气阻力就会增大 4 倍；如果骑行速度是原来的 3 倍，空气阻力就会增加 9 倍；如果骑行速度是原来的 4 倍，空气阻力就会增加 16 倍。在无风条件下，如果以 20 千米 / 时的速度骑行，就必须使用 10 牛顿的力。现在风正以 20 千米 /

1　水手称其为"表观风"。

时的速度向我涌动而来，相对风的风力增加了 1 倍。但我不是只用 2 倍而是用 4 倍的力——40 牛顿，也就是相当于必须拉起 4 盒牛奶的力。这还不如在古巴驮着一棵香蕉树呢……

终于感受到了顺风

经过这次研究，我们清醒地认识到，凭现在的认知根本不足以战胜逆风。然而，有一次，我们出乎意料地赢得了一场小小的胜利。那是去年夏天，我们从鲁尔区出发，往北海方向骑行，终点是达格比尔的港口，那里有前往梦之岛——阿姆鲁姆岛——的渡轮。我们向北骑行了 550 千米，风不断地从西南方向吹来，它完全是在后面推着我们——风力如此之强，以至于我们在迪默湖歇脚时，想要冲浪却无法顺利进行，因为风总是吹得我们从冲浪板上掉到湖里。逆风，接招吧！

我们在自行车上感受到的顺风并不明显，但踩踏明显变得很容易，向前骑行很轻松。这种现象的物理学原因是：如果风以 20 千米／时的速度从后面吹来，我们也以 20 千米／时的速度向前骑行，那么，我们就根本感觉不到任何风。唯一能让我们减速的是轮子的滚动阻力。

下坡时，顺风骑行毫无疑问是特别酷的事。在前往北海的途中，我们大声宣告要挑战 40 千米／时的骑行。我们每天都尽量找到至少一个能在顺风和下坡的情况下达到这个速度的路段。

很遗憾，在大家把自行车从地下室里取出来向北骑行之前，我们还有一个醒目的数据要告诉你们：顺风只有在风力足够强的情况下才能被感知。在德国，大多数时候，风速与车速相比，都太慢，不能抵消流动阻力。我们以地处中心、位置绝佳的汉诺威为例：在这里，平均风速为

3 米 / 秒，相当于 12.6 千米 / 时。要想真正体验到被顺风推动的效果，骑行速度必须低于 12.6 千米 / 时。可是这样的话，需要骑行很久才能到达海边。

另外，风还具有极强的地域性。北方比南方风大。这正是我们骑行之旅接近尾声时的厄运：最后阶段还有 45 千米的路程。我们拥有的是受伤的膝盖（我们已经不再年轻）、租来的自行车（我们的自行车也不年轻了，在骑行的中途就坏掉了）、毫无舒适感的鞍座，还有赶渡的时间压力。然后，风向发生了变化。之前几乎感觉不到的顺风，现在正以逆风全力吹向我们。我们在旅行前曾读过"逆风会将骑行者的力量当早餐吃掉"，事实就是如此。我们边蹬车，边咒骂，边苦恼。途经小吃店，停下来，喝一杯加了大量糖分的可可，然后继续蹬车，咒骂，苦恼。

听起来像是在哭诉吗？有一点儿。让我们用数字来证明我们所经历的痛苦吧：有一天，一阵强劲的海风吹来，风力为 7 级，逆风时速为 56 千米。另外，我们的骑行速度——虽然并不快，但有时候还是能达到 10 千米 / 时。这些加在一起就形成了 66 千米 / 时的相对风，相当于约 100 牛顿的流动阻力。与之相逆而行，无异于用前文描述的绳子持续向上拉起 10 千克重物，或者在坡度为 10% 的山上爬坡。所需之力并不小，尤其是在山路路程达 45 千米的情况下。在环法自行车赛的传奇赛段阿尔普迪埃（Alpe D'Huez）上，职业车手必须克服最高为 15% 的坡度，然而，就算了解这些，也没什么用。

如果我们骑的不是普通自行车，而是躺骑自行车，可能会轻松得多。仅仅因为人与风之间的接触面较小，就可以节省大量的动力。为了将躺骑自行车的优势发挥到极致，人们还可以从空气动力学的角度对其进行优化。最好的方法是将其完全罩上，外形上看起来既像雪茄又像栓剂。这种流线型外形大大减少了流动阻力：经过优化的躺骑自行车在相同风速下的阻力仅为普通自行车的 1/10（不提我们像驮驴般前后都装有侧袋的自行车）。人们可以通过这种方式用身体力量让骑行速度达到 140 千米 / 时以上。然而，虽然这种"自行车"为创造速度纪录对每一个细节进行了优化，我们还是不愿意坐在或躺在其中。它完全被罩着，甚至连一个窗口都没有，骑手只能通过屏幕看到道路（这些车型的上路许可很可能不会通过审批）。

作为应急方案，我们唯一能做的就是低头含胸握把，这样至少可以减少一定的空气阻力。我们也尝试过利用短暂的下风借力骑行，这样的骑法在环法自行车赛上很常见。车手们彼此紧跟，最前面的车手必须用力骑行，而后面的车手则可以在其下风区借力骑行。问题是：骑手们必须彼此靠近向前骑行才有效，所以，追尾碰撞就不可避免。此外，这个方案中没有拟定交通灯、汽车和规定"右侧先行"的十字路口。我们咬牙向前骑——并希望风至少可从侧面吹来，而不是迎面而来。

可恶的侧风

这个愿望可能是我们所许过的最愚蠢的愿望之一，因为侧风可能和逆风一样令人讨厌，并且阴险狡诈！人们会认为，从侧面吹来的风只是令人讨厌，但不会使骑行更吃力，可能需要稍微顶一下，不费什么力气。很遗憾，如果你这么想就错了！其原因在于上文所述的复杂规律，即阻力与流速的二次方成正比（如果我的骑行速度是 2 倍，空气阻力就是 4 倍）。

不幸的是，侧风速度也得计算在内，实际上，我们受到的阻力要更大，所以不得不更用力地踏蹬（我们在后面的解析框中为想要精确了解该计算的人分步骤详细写下计算过程）。

当然，我们不想不战而降——因为家里有一个绝对的专家。塞巴斯蒂安·韦伯（尤迪特的兄弟，马库斯的小舅子）曾在环法自行车赛和夏威夷铁人三项赛等比赛中指导自行车手和铁人三项运动员，并开发了自己的数字化方法，用于成绩评估和训练计划。[1] 他告诉我们，特殊的轮辋可以改变气流，甚至使侧风形成向前的推力。然而，这只发生在非常特定的风攻角上，形成的推力也甚微。其实，车轮在空气阻力方面发挥的作用很小，更重要的因素是作为骑手的我们。

美国职业自行车手格雷格·勒蒙德（Greg LeMond）使用以空气动力学改造的自行车取得了引人瞩目的成功：由于采用了流线型车把，他赢得了 1989 年环法自行车赛冠军。当时，没有人使用几乎可以俯卧在上面的车把，也没有人佩戴尾部加长呈锥形的头盔。在整个骑行比赛期间，勒蒙德与法国人劳伦·菲侬（Laurent Fignon）棋逢对手。时而勒蒙德领先，时而菲侬领先。最后赛段是香榭丽舍大街的个人计时赛段。勒蒙德往自行车上安装铁人三项车把时，还落后 50 秒。使用铁人三项车把后，他的身体可以尽可能地倾斜前伸——从流体力学的角度看这是一个很舒适的姿势。另外，他还戴了水滴头盔。勒蒙德不仅缩小了差距，甚至后来居上，最终以 8 秒的优势获胜。他的胜利是环法自行车赛历史上赢得最险的一次。

下坡骑行可以让人更好地体验到坐姿对流动阻力的影响程度。优秀的自行车手会坐在处于车把和鞍座之间的顶管上，脖子靠近车把，身体看上

---

1 www.inscyd.com。

去不太舒适地缩成一团，车手感受到的流动阻力相对来说会小些。[1] 然而，这些坐姿因为受伤风险过高，有些现在已经被禁止了。

如果想在不费力的情况下以更快的速度下坡骑行并且将奋力踏蹬的竞争对手远远地甩在身后，就必须这样：髋部靠在鞍座上，身体正好处于水平状态，头伸向前方。这种姿势大大降低了空气阻力，被研究者命名为"超人"姿势。

然而，"超人"姿势在比赛中是被禁止的，并且也不适合骑车旅游。很遗憾，经过大量的研究、计算和骑行，我们还是没有完全战胜逆风。但我们能够取得某些区段的胜利，就已经比以前更聪明了。对于厌恶逆风的骑手我们有以下建议：

1　Journal of Wind Engineering & Industrial Aerodynamics，Volume 181，October 2018，27–45。

- 紧身衣可以减少空气摩擦。此外，加垫骑行裤会减轻臀部的疼痛感。

- 转移注意力，不要让自己在乏味的逆风踏蹬中感到疲惫，可以在骑行过程中计算一下每小时骑快或骑慢 2 千米流动阻力的变化情况。

- 合理规划骑行路线：如果可能的话，先骑艰难的路段（确定有逆风或上坡的路段）——因为如果最后疲惫不堪，只会更糟。在顺风吹拂下到达目的地，感觉会更好。

- 感觉自己像个英雄：不仅接受了骑行中与自己作对的物理，而且还明白了其中原因，尽管如此，仍然继续喜欢骑行。

日常干扰系数 🌧️🌧️🌧️🌧️🌧️

生活妙招系数 💡💡💡💡💡

潜在灾难系数 💣💣💣💣💣

智慧解析框——侧风有时会从前面吹来！

　　想象一下，你正以 20 千米 / 时的速度沿着公路骑行。无风情况下，迎面风带来的空气阻力为 10 牛顿（见上文）。现在我们让风以 20 千米 / 时的速度吹起来，并且从侧面吹来。

迎面风和侧风如何结合成为相对风？

　　当风从侧面吹来时，迎面风和侧风不再沿着一条线运行，不能简单地把它们相加得出相对风。我们求助一个大多数人可能永远不会忘记的公式：$a^2+b^2=c^2$，即毕达哥拉斯定理。可以使用这一定理是因为迎面风（a）和侧风（b）相互垂直。利用此方程式，我们得出：400（千米 / 时）^{2}+400（千米 / 时）^{2}=800（千米 / 时）^{2}，将其开方，求方根，得出约 28 千米 / 时的结果，这就是相对风，比迎面风稍强，但如果有真风从前面吹来，就会比迎面风稍弱。以这种方式相加得出的风力大约是 1.4 倍。

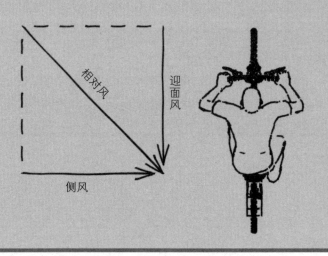

风对我们施加了怎样的力？

空气阻力可以用此公式进行计算：$F=1/2 c_w A \rho v_r^2$

c_w 就是车迷们都熟知的 c_w 值，它反映的是汽车的流线性程度。A 是风的作用面积，即从前面，确切地说，从风吹来的方向看时，骑手及自行车整个区域的面积。ρ 是空气的密度，这一数值也必须计算在内，因为在如山区这样空气稀薄的地方，空气阻力也较小。最后，v_r 是相对风的速度，要开方，虽然麻烦，但很重要。我们假设 $c_w=1.0$，$A=0.55m^2$，$\rho=1.2kg/m^3$，$v_r=28km/h=7.8m/s$，算出的空气阻力为 20 牛顿。

我要用多大的力气来踏蹬？

计算得出的空气阻力作用于相对风的风向，即斜后方的方向。为了弄清楚它对我们前进的驱动力有多大的制动作用，我们必须把这个力分解成一个向侧方作用的部分和一个向后方作用的部分。这与上文将两种风相加完全不同。这样分解之后，得出行进方向上的空气阻力为：$F_{vorne}=F/1.4=14$ 牛顿。1.4 这一数值得出的结论为：我们必须像对待上面的风那样去拆解相同三角形中的力。

计算结论：虽然侧风本身并非来自前方，但它使逆行方向的流动阻力从 10 牛顿增加到 14 牛顿。真可恶！

太空中的吐司面包

"挑战者"号爆炸背后的故事——为什么橡胶体耐高温

　　假设你是一名警察，正站在一个十字路口。这时一辆车停下来，司机向你问路：应该右转还是左转？你很熟悉这个地区，知道应该右转，如果左转就会跌入悬崖。所以，你当然向右指。或许，你还会掏出手机，在手机地图上向司机指出向左转会发生灾难。司机很恼火地看着你并指责你，然后义无反顾地向左转去。而你只能眼睁睁地看着汽车驶向悬崖。

　　罗杰·博伊斯乔利（Roger Boisjoly）不是警察，而是一名工程师。但是他经历了非常类似的事情，这件事永远地改变了他的生活。事情发生在1985年，罗杰·博伊斯乔利受雇主委托需要对几个橡胶密封圈进行检查。雇主莫顿聚硫橡胶公司是NASA（美国国家航空航天局）固体火箭的供应商，这种火箭也被称为助推器，里面是不同物质的混合物（例如高氯酸铵、铝和氧化铁）。助推器为NASA航天飞机进入太空提供了主要动力。推进剂燃烧后，助推器从航天飞机上分离出来——航天飞机继续飞行，而助推器则坠入海中，在那里被打捞起来并进行检查。

　　罗杰·博伊斯乔利曾去过佛罗里达州做类似的检查。他后来对《卫报》说，当他手里拿着"发现"号航天飞机助推器的密封环时"差点儿心脏病发作"。因为橡胶圈颜色发生了变化，蜜色的弹性橡胶圈被熏黑，并且到处都是破损痕迹，就好像被咬掉一块块一样。对于有经验的工程师来说，原因很清楚：热气在这里起了作用——这正是密封环应该挡在外面的气体。密封环破损十分严重，然而，令博伊斯乔利惊讶的是，"发现"号并没有坠毁。

现在你可能想知道为什么航天飞机需要密封环，它又不是密封玻璃瓶。事实上，密封玻璃瓶和航天飞机是有某些相似之处的。两者都需要密封环以确保各部分是密封状态。如果你把没有橡胶圈的密封瓶扣上盖子（我们说的是那种老式金属卡扣玻璃密封罐，盖子周围有一个宽而平滑的橡胶圈），它总是会松动，因为罐子和盖子都很硬，它们中间会有空隙。

助推器也是同样原理。它由四个部分组成。制造商先将四部分组件分两组预先组装好，NASA 技术人员在现场再将两部分组件组装在一起，并将它们彼此固定。这些部件之间装有密封环，即使要密封的组件稍微变形，也保证不会产生空隙。它们看起来像一个"O"，围绕火箭一圈，因此也被称为 O 形环。两组火箭部件的锚定是用两个上下重叠的 O 形环密封的——或者也不尽如此，"发现"号就是个例子。

罗杰·博伊斯乔利立即将他的发现告知 NASA，当然还有雇主莫顿聚硫橡胶公司。然后，他开始寻找导致密封环受损的原因。密封环会不会扭曲了？不可能，测试的时候，它们都可以立刻自行扭正。

那原因会是什么呢？博伊斯乔利和同事们设计了一个十分简单的实验：他们将一个密封环放在两个金属板之间，并轻微挤压密封环，然后减小挤压力量，观察密封环是否与两个金属板保持接触。只要温度稍高（工程师们实验的温度条件为 100 华氏度，即 37.7 摄氏度），密封环就能毫不费力地做到与金属板保持接触。然而，温度越低，密封环膨胀速度就越慢。在 75 华氏度（23.8 摄氏度）下，它们需要 2.4 秒来恢复与金属板的接触。这对密封环的使用目的来说是一个难以想象的漫长时间，简直太久了。即使是 1/5 秒没有恢复接触也会酿成大问题。

最后，工程师们在 50 华氏度，即 10 摄氏度的条件下进行了实验：
"10 分钟后，我们停止了测量。"罗杰·博伊斯乔利回忆道。他和同事们已经找出问题所在。"发现"号发射时，外界温度为 11.6 摄氏度，密封环因寒冷而变得僵硬。第一个密封环没有膨胀，炽热的燃烧气体，即太空飞行中所说的 Blowby（窜气），从缝隙中流入，幸运的是，第二个密封环阻断了热气，避免了一场灾难。

轮胎为什么在霜冻下会变硬

工程师设计的这个实验在家里就可以轻松复制，你可以将日常生活中用的橡皮筋纵向拉伸套在尺子上，并将其放入冰箱冷冻层。稍后把橡皮筋从冰箱中取出，将其从尺子上解下后，皮筋会在相当长时间之后才能缩回到原来的尺寸。之所以会这样，是因为橡胶属于弹性体，具有特殊弹性的塑料被称为弹性体。与其他塑料一样，这种弹性塑料由互为交联的分子链组成。你可以把这想象成一盘煮熟的意大利面条。与意大利面条不同，弹性体中的分子链在很多个点上相互连接。这是有意为之，因为只有这样，橡胶才能膨胀，然后再恢复到本来的形状。为了实现这一点，天然橡胶与硫黄这样的物质混合，这样，硫黄原子在橡胶长分子之间就会架起一座桥梁。

这样一来，当橡胶变形时，它会恢复到本来状态，目标达成。然而，弹性体发生变形并想恢复到本来状态的话，分子链必须是移动状态才行。是否具有移动性的关键在于温度。如果温度过低，弹性体中的长链分子的移动性就会差一些，弹性体也就需要更长的时间来恢复外形。

弹性体的另一个特性加剧了这一问题。当它们变形时（例如被两个火

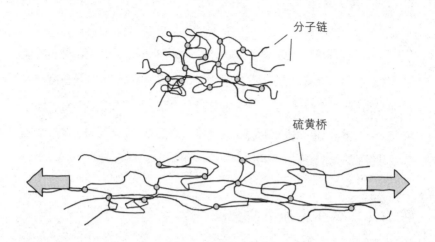

分子链

硫黄桥

箭部件挤压），会将热量释放到空气中去。但当它们开始松弛时，它们需要从周遭吸收热量。如果周围温度很低，没有足够的热量可用，松弛的速度会大大减慢，甚至停滞不动。

弹性体在温度波动时的表现各不相同，这取决于其构成结构。例如，汽车的夏季轮胎在低温下往往变得僵硬，可能不再有足够的路面抓地力。冬季轮胎则由不同的橡胶成分制成，即使在较低温度下也能保持柔韧性。

为了适合太空飞行，塑料必须首先满足两个条件：它必须能够承受高热量，而且必须能够迅速膨胀。因为密封环位于助推火箭的两个部件之间，要确保没有空隙可以让高热的燃烧气体泄漏，必须始终保持橡胶圈和助推器部件之间的紧密接触。因此，火箭密封环的合成材料是氟橡胶（Fluor-Elastomer/Fluor-Kautschuk，或简称 FKM）。它由氟原子附着其上的长碳链组成。氟是非常稳定的聚合物，因此具有优良的热稳定性。然而，这些弹性体不耐低温，在寒冷的温度下，它们很快就会失去弹性。

你可能会想，既然认识到了危险，也就可以避免其发生。带有这些密封环的航天飞机只需在较高的温度下发射，这在佛罗里达州是没有问题的。博伊斯乔利将检查结果告知了莫顿聚硫橡胶公司的上司，并认为自己的任务已经完成。但 NASA 已经开始规划下一个任务："挑战者"号航天飞机将在半年后发射，目的是向太空投放一颗通信卫星，时间为 1 月——正如所想的那样，这并不是最温暖的月份。

罗杰·博伊斯乔利想阻止这次发射，而其他人则想完成这次发射。

博伊斯乔利注意到，自己的汇报几乎没有得到任何回应。如果你上网看一下他后来在众多大学的演讲[1]，你就会看出这件事即便已经过去很久了，对他的影响还是很大：博伊斯乔利高大强壮，是一个用数字和数据武装头脑的人，一个一生都在依据事实做决定并承担责任的工程师。要知道航天使命与人的生命和高额费用息息相关。而那时，距离计划好的"挑战者"号发射时间越来越近，没有人对他的数据做出回应！博伊斯乔利简直不敢相信这一切。

最后，在 1985 年 7 月末，他给莫顿聚硫橡胶公司的各位领导写了一份备忘录，在备忘录中他预测会发生"一场灾难"。他写道："我发自内心并真真切切地感到害怕，如果不立即采取行动，我们会面临飞行失败的风险，其结果将是一场灾难和人命的丧生。"

他的坚持终于得到了回应：公司成立了一个特别工作组，组员尽管只有五名工程师，但总算有所行动。据博伊斯乔利说，管理层并没有给予支持。当然，特别工作组的研究结果也没有改变：在低温下，密封圈太硬，无法膨胀。

1　如果想看演讲视频，最好搜索如 "不道德的决定——"挑战者"号航天飞机灾难发生的原因 " 或者 "罗杰·博伊斯乔利"这样的关键词。

"挑战者"号航天飞机计划于 1986 年 1 月 27 日发射。肯尼迪航天中心当天温度预计会是零摄氏度以下。零下！NASA 以前从未在如此低的温度下发射过火箭。博伊斯乔利和他的工程师同事们对这方面数据了如指掌。他们清楚地知道会发生什么：发射台上原地爆炸。

如果火箭中的高压或不可预见的震动造成部件之间出现小空隙，挤压在两个紧密贴合的部件之间的 O 形环在任何情况下必须能膨胀起来，将空隙弥合。然而，在低于零摄氏度的温度下，弹性体不再是弹性体，无法弥合空隙。低温下，弹性体缺少再膨胀所需的能量。还有一个问题：一般来说，塑料只有在分子链足够温暖的情况下才能变形。分子链只有在高温下才能来回移动一丁点儿，而不是停留在固定的位置。如果将塑料[1] 冷却，某个时刻就会达到玻璃转化温度——在这个温度下，塑料不再是流态或具有柔性，而是像玻璃一样又硬又脆。在这个温度以上，塑料或多或少都是柔软的，低于这个温度就不再具有柔性。这就是为什么玻璃转化温度也被称为软化温度。

我们曾经用一块橡胶管模拟过这种现象。我们用液氮将软管冷却到零下 196 摄氏度，然后用锤子敲打它，软管壮观地碎成了无数块。

你家里很可能没有液氮。巧的是，我们无意中发现了任何人都可以复制这个实验，只需要一包吐司面包即可。我们总是为了囤货而提前购买一些吐司并将其冷冻起来，对于一个六口之家，一顿早饭就要吃掉一包吐司。因为我们懒得把已经用塑料袋包好的吐司放进食品专用冷冻袋里，所以会把买回来的带塑料包装的吐司面包直接放到冷冻层。如此处理，面包完全没有问题，但它的包装却发生了变化，这种塑料包装在零摄氏度以下

1　这适用于不完全结晶塑料。

会发生脆裂，极易搓破。

我们的冰柜在地下室洗衣房里，如果用一只手去平衡靠在髋部的装满衣服的洗衣篮，就可以用另一只手抓住吐司袋子，把它从冰柜里拎出来。不过，如果是冷冻过的包装，你只拿着包装的前面部分，比如说前四片面包的后部，它就会啪的一声裂开，而冷冻吐司会哗啦啦地掉到地板上。

其实，我们本可以通过黄金吐司（Golden Toast）网站上的警告提示对此有所了解的。网站上有一张很容易引起食欲的照片，上面是几片刚解冻的吐司面包，照片下写着："冷冻时请使用冷冻袋或冷冻膜，因为我们的包装袋在冷冻温度下会失去弹性，可能会破裂。注意：务必用冷冻膜将产品包紧，或放在适合的标有'可冷冻'字样的冷冻袋中。"好吧，没注意到此警告，是我们运气不好。黄金吐司采用 PP（聚丙烯）包装，而冷冻袋由 PE（聚乙烯）制成。与 PE 一样，PP 由长分子链组成。然而，在聚丙烯中，这些长分子链总是形成小单元，排列有序，这种现象被称为结晶。结晶态使材料的流动性大大受到局限。玻璃转化温度在 0～10 摄氏度之间，刚好是冷冻柜的温度，所以一只手拿洗衣篮而另一只手拿冷冻吐司包装会弄得一团糟。

竭力劝阻"挑战者"号发射的人

当然，与罗杰·博伊斯乔利所担心的事情相比，吐司面包袋的实验结果太小儿科了："挑战者"号的密封圈会在发射台上直接失效，高温燃烧气体会泄漏出来，导致装有液体燃料的油箱爆炸。他和同事们再次警告不要在如此寒冷的天气下发射。博伊斯乔利后来对记者描述："为了阻止发射，我拼了全力。"

距离发射还有一天时间。莫顿公司的工程师和项目经理们与 NASA 匆忙地进行了电话会议（电话，而不是视频，要知道那是 1986 年！）。NASA 要求进行报告演示说明——时间短、任务重，罗杰·博伊斯乔利只能把他手写的数据带来。不过，他确信，有足够的事实可以阻止此次飞行。他故意省略了推荐发射的最佳温度条件的内容，他说，这是因为自己对所有并非真正温暖的温度都有顾虑。11.6 摄氏度都过冷，更何况现在是冬天了！"这种材料在低温下会变得像石头一样坚硬。"

在日常生活中，我们都知道，当我们让塑料变得过热时，会出现什么问题。以熨烫为例：很多衣服都是由合成纤维制成，主要是聚酯纤维或聚酰胺纤维。它们很柔软，不易变形，而且可以速干，所以特别适合用来制造运动服装。聚酯纤维还具有耐高温性（熔点为 235～260 摄氏度），但如果你穿着聚酯纤维训练裤在体育馆摔倒，在地板上打滑，裤子可能会因为摩擦烧出洞来。与聚酯纤维不同，聚酰胺纤维是热敏材料，即使洗衣机 60 摄氏度水温洗涤也会出问题。

然而，"挑战者"号面临的问题是寒冷。火箭发射前一天的电话会议持续了 6 小时。工程师们争论不休，据理力争，回答各种问题。罗杰·博伊斯乔利以为，莫顿公司的项目经理们都坚信不会发射。但随后气氛就变了。"我对您的建议感到震惊。"NASA 的一位项目经理说。而另一个人也跟着说："那我们应该什么时候发射——难道明年 4 月？"

莫顿公司的领导们要求暂停会议。他们想在没有 NASA 在场的情况下讨论 5 分钟。罗杰·博伊斯乔利回忆道："静音按钮一按，莫顿公司的一位领导就低声对其他人说：'我们现在必须做出管理决策。'"据罗杰·博伊斯乔利所说，半个小时后，领导们汇编了一份发射合理化要点清单。清单上最重要的论点为：工程师的数据不具说服力。

会议室里的工程师们并未参与决策讨论。罗杰·博伊斯乔利回忆说，他在某一刻站了起来，向领导那边走过去。他把"发现"号上破损的密封圈照片扔到他们面前的桌子上："我真的是冲他们大喊，温度越低，窜气越多！"可是这也无济于事。然后，莫顿公司副总裁说出了那句著名的话："摘下你那个'工程师帽子'，戴上你的'管理者帽子'。"

莫顿公司不想激怒 NASA 这个重要客户，而 NASA 也不想推迟发射。由于天气恶劣，还有另一项发射任务要完成以及技术问题的存在，"挑战者"号的发射已经被推迟了数次。他们担心，再一次推迟会有损声誉。于是，NASA 接受了莫顿公司"可以发射"的建议，并表示感谢。当项目经理们宣布他们的最终决定时，没有一个人提出疑问。电话会议几分钟后便结束。主观意愿最终战胜了客观事实。

第二天，也就是 1986 年 1 月 28 日，7 名宇航员登上"挑战者"号，在座位上扣紧安全带——当天阳光明媚，而气温只有 2 摄氏度，发射架上还挂着冰柱。科里斯塔·麦考利芙（Christa McAuliffe）是宇航员之一，她是一位教师，曾向 NASA 申请加入"太空教师"计划，并从 11000 名候选人中脱颖而出。她将以电视转播的形式在太空中讲授两堂课。她是第一个被 NASA 送入太空的平民。整个美国都在和她一起激动。当"挑战者"号准备就绪时，大约有 17% 的美国人坐在电视前观看直播。

罗杰·博伊斯乔利起初并没有和众人在一起观看。他决定不看，因为他还是坚信，"挑战者"号甚至不会从发射塔发射成功，僵硬的密封圈会导致直接爆炸。然而，他的一个很要好的同事的女儿，从来没有看过火箭发射，当这父女俩问他要不要一起观看的时候，他同意了。倒计时开始，"挑战者"号在观众的欢呼声中发射了。"我们刚刚发射了一枚炮弹。"罗杰·博伊斯乔利对他的朋友轻声低语。他们看着钟，数着秒，等候着即将到来的灾难。时间一秒一秒过去，什么也没发生。当航天飞机在空中飞行了 1 分钟后，博伊斯乔利顿感承天之佑："成功了！"

然而，13 秒后，灾难发生了：起飞整整 73 秒后，博伊斯乔利和他的同事们看到，"挑战者"号在 15 千米的高度上，一枚助推器似乎正与航天飞机分离。他一下子想到：这还太早，120 秒后助推器才应该与航天飞机分离。紧接着，电视屏幕上出现了一个火球。一枚助推器在烟雾和火光中直冲地球而来。起初，人们还看不到航天飞机本身的任何情况，从视频和录音中可以感受到解说员的惊恐，NASA 的地面工作人员也感到十分震惊。据控制室称，"航天飞机发生了爆炸"。

但情况并非如此。其实，博伊斯乔利所担心的事情发生了：火箭发射几秒钟后，其中一个密封圈失效，侧面发生了泄漏。高温气体通过这个漏点逸出。然而，漏点显然在一开始又弥合了（可能是铝渣堵住了裂缝）。否则，"挑战者"号可能根本就不会离开发射台。对宇航员来说，不幸的是铝渣没有一直塞住漏点，可能是航天飞机遭遇一阵强风，震动使铝渣掉落，热气逸出，击中了助推器和装满氢气的外部燃料箱之间的连接处。液态氧和氢溢出并迅速膨胀，这使事故看起来像一场爆炸。后来的调查显示，其他因素虽然也难辞其咎，但热气外逸是主要原因。

宇航员所在的太空舱并没有爆炸，但它并不由宇航员控制。电力供应中断，太空舱以巨大的力量撞击海面并沉没。直到 3 月份，人们才找到太空舱，里面是全部 7 名机组成员。

事故发生后的几周里，罗杰·博伊斯乔利一直处于悲痛之中。他被任命为调查小组成员，他觉得官方并不想透露灾难的真正原因。博伊斯乔利在后来的演讲中说，当里根总统的"总统委员会"向莫顿公司的工程师们提问时，他们收到指示，只能简要地回答问题。他决定不遵从这一指示，没有只回答"是"或"不是"，而是向委员会提供了他的材料，包括警告将发生灾难的那份备忘录。

英雄还是叛徒

对一些人来说，罗杰·博伊斯乔利因此举动成了英雄。他的材料使调查委员会很有可能找出"挑战者"号坠毁的真正原因。1986 年 6 月，调查委员会提交了报告，其中严厉批评了美国宇航局，并将密封圈确定为灾难的原因（著名事件：诺贝尔物理学奖得主理查德·费曼将密封圈的部件放入一杯冰水中，以显示它有多么坚硬。一个实验胜过千言万语。）。该报告中还有以前未曾公开过的照片，这些照片揭示了在发射几秒钟后，右侧助推器的下部连接处有小团烟雾冒出。这些烟雾最终变成火焰，使燃料箱着火。

NASA 的航天飞行计划被暂时中止。美国科学促进会向罗杰·博伊斯乔利颁发了"科学自由与责任奖"。

获奖的博伊斯乔利也付出了代价。因为对他的同事来说，罗杰·博伊斯乔利是个叛徒，是他将莫顿公司的声誉拖入泥潭，让大家面临打碎金饭碗的危机。他住在犹他州的一个城市，莫顿公司在这里是最重要的雇主，这使情况更加糟糕。在工作方面，博伊斯乔利感到孤立无援。虽然他没有被解雇，但已无法参与太空计划。他承受着头痛、睡眠障碍和抑郁症所带来的痛苦，医生诊断，他患有创伤后应激障碍。

同事和邻居们怪他说得太多，而他却责备自己做得太少。最终，他离开了莫顿公司，做起了独立顾问。他在讲座中反复探讨自己一生中最重要的主题：自然科学和工程学中的伦理。他向众多大学的学生解释道："说真话并不总是那么容易，但能让你问心无愧，睡个好觉。"

关于这个故事，有两件事给我们留下深刻印象：橡胶密封圈这样的小部件也可以造成如此重大的影响；让 NASA 和工程师们的生活变得艰难的不是自然法则，而是对自然法则的无视。塑料膨胀拉伸或变硬的温度是不可协商的——重力、静电、温室效应或其他物理现象也是如此。我们最好接受这一点。

日常干扰系数 ☔☔☔☔☔
生活妙招系数 💡💡💡💡💡
潜在灾难系数 💣💣💣💣💣

喂，你还在线吗？

覆盖信号盲区为何如此困难

这是一段从柏林开往科隆的城际特快（ICE）列车上的电话通话：

"喂？喂？（快速看一眼手机）……我已经过了柏林，手机很可能马上就没信号了……喂？……你刚刚没有信号（手机紧贴在耳边）……喂？……（声音变大）……火车到下一站时，我再打给你，好吗？"

真烦！城际特快火车带有手机标志的车厢里，这样的对话会经常听到，旅程可能会因此而让人疲惫不堪——尤其是当我们担心掉线时，会不由自主地将说话声放大。虽然根本没用，但还是会下意识地放大声音。手机信号全方位覆盖，有什么困难？为什么在某些地区我们每隔几千米就会陷入信号盲区，对此可以做些什么呢？

有一次，我们在下巴伐利亚地区的一个会议中心上研习班，就是那次，我们对这个手机信号盲区的问题产生了好奇。研习班的真正主题我们已经记不得了，可是课间休息时所发生的事情却依然历历在目。全班人跳起来，转来转去，挥舞着手臂，左右两边蹙来蹙去。直到有人喊："这里！"然后所有人都冲向他，挤在一起，就像在孩子的生日聚会上玩椅子游戏一样。只是他们争抢的不是椅子，而是更珍贵的东西：手机信号。为寻找手机信号，大家每一次都要跳这种富有表现力的"舞蹈"，傍晚就去山坡散步，因为山坡上至少还有德国电信信号，每到这个时候，大家的心情就变得有些烦躁。研习班老师开始允许自己在课间休息时喝点儿杜松子酒——否则他也许就只想着查看手机信息了。

每一个听了这个故事的人也给我们讲他们类似的经历。德国似乎是由一个个信号盲区构成的，就像有孔眼的瑞士奶酪。网络信号测试研究机构Open Signal 在一项研究中评估了用户对无线通信网络信号的体验，在100 个国家中，德国的移动通信网络质量排名第 50 位，位列印度尼西亚和吉尔吉斯斯坦之后。乡村地区的信号稳定性尤其差，据用户反映，即使是在柏林市中心，4G 信号盲区也明显存在。有传言说，至少有一位部长曾说，自己不会在车上与外国同行通电话，因为电话不断掉线，会让人很难堪。

问题到底多严重还不清楚，因为"信号盲区"还没有一个科学的定义。究竟什么才叫"信号盲区"？是个别街道没有网络信号，还是整个地区没有？那没有沃达丰（跨国性的移动电话运营商，世界上最大的移动通信网络公司之一）信号，却有电信信号的地区，又怎么定义呢？很明确的是：移动电话在德国还无法真正做到走到哪里都可以保持通畅，更不用说移动视频了。毕竟，我们不仅希望电话信号不中断，还想参加视频会议——理想情况下，我们的自动驾驶汽车可以通过互联网与其他自动驾驶汽车连接。这在技术上可行吗？

让我们来看看打电话时会发生什么。当你给别人打电话时，移动电话会发出电磁波。这些电磁波在空间里扩散，去寻找最近的基站。"信号区域"是指接收手机信号的基站覆盖区域。如果我们乘坐火车从柏林到科隆，途中，我们的手机从一个信号区域移到另一个信号区域。从那里，信号通过无线通信或电缆传输——传输到办公室的同事那里，传输到家里的孩子们那里，甚至传到国外。

孩子们开始寻找这样的天线，他们心中的天线还是那种传统的一条或者几条细细的天线或者房顶上圆盘式卫星电视天线的样子。但是，无线通信基站的天线并不是这样的。它们看起来更像是一根粗壮的金属棒，上面连接着一排奇怪的细长灰色盒子。天线外形之所以被故意设计成如此，因为它们必须是细长的，这其中蕴含了一定的物理技巧。每个盒子里都装有几个相同的发射器，它们一个摞一个叠加在一起。如果只使用一个发射器，信号会向各个方向均匀扩散，即向上、向中心和向下，这与灯泡亮起时的情况大致相同。但你不会希望天线下方或者上方有信号，特别是如果你住在发射器下面的房子里。

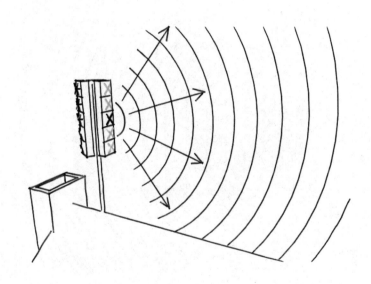

作为工程师，我们可能面临的问题是：如何控制信号，使其不会四处扩散，而是尽可能地直线发射？想解决灯具的散射性问题，用灯罩就可以，它使光线只往所需方向发射。可是这对于无线电天线来说很困难。但有一个简单且物理学上振奋人心的方法来控制传播：让多个发射器的无线电波向彼此发散，这样它们就能彼此牵制。

这就是在基站上会有数根天线彼此相叠的原因。天线发射的无线电波是彼此重叠的。如果将它们巧妙地排列起来，横向的电波，即与地面平行方向上的电波会被放大，而波峰和波谷在向上和向下的方向则会削弱甚至相互抵消。这样一来，传输功率就到达了需要的地方，即发射器的侧方。它平行于地面扩散，因此可以覆盖很远的范围——至少在没有山、树或房屋这种障碍物的情况下是这样。通常情况下，即使在 30 千米外的海面上（至少在德国沿海地区），仍然可以进行通话。

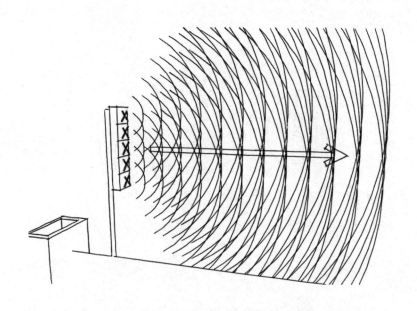

现在，你可能已经发现了远处的一个特别高的基站（也许在高层建筑上或电视塔上）。你肯定希望信号发射到地面。当然，我们可以很轻松地将发射器盒子倾斜，但不是非要如此不可。我们只需运用叠加原理即可。如果下方的发射器发射的电波稍有延迟，它们就会在靠近地面的角度变

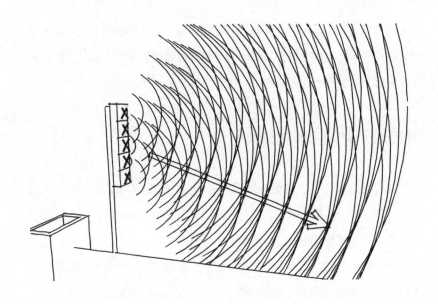

强，而在不需要的地方则会相互抵消。去过大型音乐会的人都知道舞台左右两边悬挂有狭长的音箱，其中的电波也是叠加在一起的，这样，饱满的声音就会传输到观众席而不是音乐厅的天花板上。

现在，我们当然想找到属于我们个人的无线电天线。房子周围最近的基站在哪呢？在散步和购物的路上，我们向上盯着看，这看起来有些愚笨。我们猜测天线在房子的西边，因为东向客厅的信号总是最差。

起初我们一无所获。因此，我们在互联网的搜索引擎中输入了问题："离我最近的无线通信基站在哪里？"太棒了！在联邦网络局的网站上，我们可以看到信号基站的确切分布情况（点击网页看看吧，基站视图的详细程度当时让我们感到十分惊讶）。[1] 在网页上，不仅可以看到大型建筑

---

1 https://www.bundesnetzagentur.de/DE/Vportal/TK/Funktechnik/EMF/start.
html。

物上的大型天线，还可以看到其他的"小基站"。这些小型天线被安装在博览馆或市中心这种人群密集的地方。结合谷歌街景视图，你可以很容易就找到自己的基站所处的位置。

附近的基站对我们的影响

输入住址后，我们自豪地发现：猜对了。最近的基站就在房子的西边。不幸的是，基站和房子之间有一座被树木覆盖的小山丘。而东边，数千米内一个基站也没有。我们接收到的信号来自另一个房子的后方。这与我们的日常经历刚好吻合：在东边（客厅、卧室所在的方向），几乎没有手机信号。如果想让通话保持通畅，就得站在位于西侧的房门口。走廊上鞋架旁的一小块地方，信号尤其强，这一小块地方的地毯已经有些破旧了，因为我们总是在那儿边打电话边走来走去。阁楼的信号效果超级棒，从那里可以越过讨厌的山丘和房子看到一个个基站（孩子们住在阁楼，便于我们用移动电话联系到他们，因为孩子们的降噪耳机会让他们听不到喊他们吃饭的声音，而打移动电话则总是很有效）。

但是，为什么西侧的基站尽管有树林遮挡也能向我们传输信号，而东侧的基站却因为一栋房子阻碍而传输失败呢？难道我们不是应该因为基站被阻断而无法接收到任何一个方向的信号吗？当然，我们很感激事实并非如此，但事情似乎并不符合逻辑。

实际上，西边基站的信号之所以能绕过障碍发射到我们这里，是有其物理学原因的。无线电波有自己的技巧，这方面和可见光相似。电磁波会在物体上产生反射、散射和衍射等现象。房屋墙壁会反射信号，屋顶边缘会向下衍射电波，不光滑的表面会使移动视频信号向四处散射。此外，如果电波同时以直接路径和从不同位置散射的方式到达我们这里，它们可能会有放大或减弱的变化。这就是你在客厅的一个窗口可能从来接收不到良好的信号，而在另一个窗口信号总是很强的原因。当汽车停在交通灯前收音机信号消失时，这种效应最明显，有时你只需再往前行驶 1 米，信号就会恢复正常。

　　无线电波还能穿透某些材料。基本上，墙壁越厚，就越难穿透。混凝土墙比沙灰砖墙的防透性要好得多，因为它内置了钢筋。像钢筋混凝土这样的传导材料在任何情况下都是电波的克星。以微波炉为例，它的"传输"波段与 LTE（通用移动通信技术的长期演进）和 5G 非常接近，刚好 2455GHz，而这正是问题的关键所在：微波炉发出的电磁波是否会在厨房里畅通无阻地传播？不会，因为它们被微波炉的金属壁屏蔽了。我们曾经有过一次令人印象深刻的办公室经历：我们在墙上挂了一块大白板。奇怪的是，此后办公室的 WLAN 信号就变得非常差。我们自己并没有发现这两件事有什么关联——而 IT 管理员发现了。我们什么都没想，就把白板挂在连接 Wi-Fi 路由器那面墙的背面，路由器费劲地穿过金属白板试图将其信号发送到办公室，但却白费力气。

具有超级力量的波

　　信号为什么没有穿透金属白板呢？在此，有必要快速了解一下电磁波的工作原理。你可以把电磁波看作是许多彼此耦合的小电场和磁场。它们垂直于传播的方向进行振荡。微波炉、手机、手电筒或收音机发出的就是这种波，它们的长度各不相同，这影响它们处理障碍的能力。例如，光和手机辐射不能穿透铝制外壳，但 X 射线却可以。每种波长都有自己的超级力量，因此适用于不同的用途。

- **长波**：最长可达 10000 米，是波中巨人。它们为我们的无线电时钟传输时间信号，并且由于它们可以在地面沿着地球曲率衍射，因此很轻松就能传输上千千米的距离。

- **短波**：非常短，可以被电离层反射。如此一来，信号就传送到了全世界。在我们小的时候，都痴迷于短波接收器里的间谍"节目"，只要有一个简易收音机的人都可以偷听到。但只有拥有正确解码密钥的间谍才能理解听到的内容。

- **超短波**：我们都使用超短波来收听广播。此外，超短波传播频率多样，民用、军用、飞行导航、海上无线电，甚至卫星，都要通过这些频率进行控制。

手机信号由两种"类型"的波组成，即分米波和厘米波。分米波至少有 1 分米长（没那么令人惊讶），也就是 10 厘米，最长 1 米。分米波的频率在 300 兆赫和 3000 兆赫之间。分米波应用广泛：无数的无线电和导航服务以及我们的 WLAN 也是以这些频率发送和接收的。当我们作为"物理学家"（Die Physikanten，也是节目的名字）站在奇妙科学秀的舞台上时，我们的耳机也在传输分米波信号。一些雷达系统使用稍微短一些的波长，而我们家里的微波炉也是如此。分米波的超级力量是它所具有的信息密度，即使单个波段彼此靠近，它们也不会相互干扰。这意味着分米波可以承载大量的数据。此波的缺点是：可以被波长如大片树叶般的导电物体干扰。

厘米波（长度 1 ~ 10 厘米）是无线电波中的涡轮机。它们为 5G 技术实现了极高的数据传输速率。航运和电视卫星的雷达系统也运用此波。

厘米波的超级力量是更高的信息密度。其缺点是，大气层在较高的频率下特别容易产生干扰。水蒸气和雨水缩短了传输距离（不过，这正好可用于天气观测。雨滴会反射厘米波，因此雨水雷达效果十分显著）。

　　正如你所看到的，波在寻找它们的接收器时所遭遇的困难各有不同。因此，人们为电视和广播（超短波范围）搭建了高耸入云的发射天线，使其能够进行长距离传输。例如，在东德，人们可以接收到来自西德的电视信号。然而，并非所有地方都能接收到，东德的一些地区就不行了，具体来说，是格赖夫斯瓦尔德（Greifswald，位于德国最东北部）周围地区和德累斯顿地区。来自西德发射器的电磁波根本无法到达这些地方。这些地方的人只能收看（经过审查的）东德电视节目。

　　今天，德国的无线电网络肩负着传输图像、影像以及自动驾驶汽车、视频会议和物联网所需的巨量数据的重任。这正是目前大力发展 5G 网络的原因。利用 5G 可以进行定向大数据量传输。缺点是：在厘米波范围内传输的 5G 波，其传输距离相对较短。因此，必须建造更多的传输基站。

　　这或许会解决我们在除夕夜遇到的问题。每年的这一天，午夜过后不久，我们都会尝试给住在另一个联邦州的爱人打电话。每年我们都无法接收到信号。基站不可能是这一问题的原因，因为一年中的其他时间它也一样在那里。但无线电网络的传输容量是有限的。移动电话运营商试图去评估有多少移动电话可能在同一时间拨入一个基站。这就是为什么在人口多的地方有很多基站，而在农村地区则较少。如果在我们鲁尔区的郊区突然有很多人想同时祝他们的爱人新年快乐，那么基站会因为过于拥挤而堵塞。你的手机可能根本找不到通信信号，电话也就无法打通。这和柏林与科隆之间的城际特快火车上的情况是一样的。

　　从技术和物理学角度看，建更多的基站没什么问题，但从政治和经济的角度看，就可能有问题了。因为无线电基站给人留下的印象并不好。我们都想打电话，但我们不想在自己家屋顶上设置天线。在学校、幼儿园或动物栖息地附近建基站已经遭到一次又一次抗议。

显而易见的是，凡是有基站的地方，就会有电磁波被发射和接收。然而，从物理上讲，我们建设的基站越多，产生的辐射就越少。这听起来很奇怪？但事实就是如此。这是因为基站总是以尽可能低的功率运行。通常功率只有 50 瓦（微波炉功率达到 650 瓦）。一般情况下，这个功率足以在一个不太大的无线电电波范围内传播信号。但如果基站彼此相距很远，就需要更多的功率来传输信号。这导致更多辐射的产生。

处于信号盲区的移动电话与此类似。在没有信号或信号不好的地方，手机发出的电磁波不是少了，而是多了——因为它是如此拼命地试图找到信号。因此，发射器越多，我们接收到的辐射就越少。因为这样一来，移动电话不必费力寻找基站，发出的辐射自然就会很少。

手机辐射到底有影响吗？

身处电磁波环境会有危害吗？从物理学上讲，情况是这样的：如果把手机放在身体的某个部位，靠近手机的身体部位就会微微发热。水是极性分子，即一边带有正电荷，另一边带有负电荷。如果有频率匹配的电磁波从旁经过，水分子就会在磁场中旋转，磁场也会跟着旋转——水的温度就升高了。这就是微波炉的运行原理。手机则不同。但是，手机可以加热大脑吗？当然，这非常容易——手机微波的辐射原理，与微波炉的工作原理大致相同。

为简单起见，我们假设身体由水组成（在很大程度上确实如此）。要将 1 千克水加热 1℃，我们需要约 4000 焦耳的能量（亦称瓦特秒）[1]。设备作用于我们身体的能量最大值是每千克 2 瓦特。很容易计算出，需要 2000 秒，即半个多小时，才能使相关身体组织的温度上升微弱的度数。然而，这只是一个理论值，因为我们的血液循环可以直接将热量分散，升高的温度也就所剩无几了。

但是温度变高了，这是事实。毋庸置疑，手机与我们的身体之间发生了一些反应。很多人认为这很令人担忧。令人欣慰的是，除了些微的温度升高，没有证据表明我们的细胞、神经和 DNA 出现了什么问题。至少根据我们目前的认知，人体内没有接收手机辐射的类似天线的结构。目前，还没有方法适宜的研究可以证明无线通信波与疾病之间存在因果关系。

令人惊讶的是，与上面的计算结果相反，在长时间通话后，耳朵还是会很热。但原因不是手机使温度上升有多高，而是它阻止了耳朵散热。耳朵仿佛盖了一个温暖的被子一般。

要想解决德国所有信号盲区的问题，可能还需要很长一段时间。不过失之东隅，收之桑榆。一些位于深度信号盲区的酒店在"数字戒毒"（Digital Detox）的口号下以提供远离手机信号的假期为卖点。另外，在没有信号的地方，公寓和别墅的租金也要便宜得多。

日常干扰系数　🌧🌧🌧🌧🌧
生活妙招系数　💡💡💡💡💡
潜在灾难系数　💣💣💣💣💣

1　水的热容量（将 1 千克水加热 1℃的能量）是 4.183 J/(kg·℃)。

智慧解析框——5G的5个趣事

无论是抖音视频、音乐流还是电话，它们传送的都是巨大的数据流。人们可以将其描述为以某种方式进行传输的1和0的快速排序。数据传输用的是无线电波，即载波。信息以某种固定的速率传送。

无线电波本身并不携带任何信息。为了在波上传输数据，必须改变波段，并对其进行调制。方法多样，其中两种方法至关重要：

1. 振幅调制：波的大小，即振幅，可以被改变。在最简单的情况下，这意味着：如果要传输的是1，波幅会很大；如果要传输的是0，波幅会很小或没有。这可以通过小步骤实现，并提供无数的选择。

2. 相位调制：波在时间上略有延迟。根据不同的延时类型，也可以将0和1进行加密。

实际上，这两种技术可以结合运用，甚至可以扩展。这样一来，每个脉冲时间内不仅可以发送1个比特（即1或0），而且在5G条件下甚至可以发送8个比特（这是一个介于0~255之间的数字）。5G的伟大之处在于，它还有更多的技巧供我们使用。

1. 高频。5G计划使用最高超过40GHz的极高频率。高频波是短波。这意味着在较短的时间内有更多的波峰和波谷到达接收器。因此，波可以有较快的脉冲时间，并传输较多的信息。

2. 数据高速公路：想象一下，如果在一个频率上的传输相当于一条数据高速公路，为什么不同时使用几个频率呢？人们利用5G可以同时在多达16条高速公路上行驶，数据流可以被分割成 16 个频率，并在我们的手机中再次组合。这使我们最喜欢的电视剧续集下载时间几乎缩短到 1/16！

3. **拥有数千条车道的高速公路**：数据被发送之前被分割成多达数千个非常接近的频率。我们可以把这想象成高速公路上一条条狭窄的车道。单个车道上的传送量很少，但所有的车道加在一起就可以使传送量变大。其最大优点是这项技术（OFDM，即正交频分复用技术）不易受到干扰。如果单个车道，即一个子频率，受到干扰，其他数据会在接收器中重新组合成完整的信号。类似的技术也被用于二维码。如果二维码稍微有些污损或有人在上面写了东西，它们通常仍然可读，因为冗余信息就隐藏在那些小黑点里。

4. **上下复合高速路**：如果基站从几个彼此相邻的天线发出信号，也就是在同一频率上发出信号，还可以传输更多的数据。现代移动电话都装有多个天线，可以轻松接收到各种信号。理想情况下，如果发射器和接收器上有两个天线（MIMO 技术，Mulitple Input Multiple Output 的缩写，意为多输入多输出），数据速率就会加倍。

5. **利用波段传输数据**：按照计划，5G 网络会在用户数量多的地方使用大规模天线阵列技术（Massive MIMO）。这种天线背后是一个盒子，里面有一个棋盘大小的 8×8 的小天线排列。通过这种方式，可以有针对性地控制信号传输的方向，甚至可以为单个接收器提供波段。由于接收器的 Massive MIMO 天线会根据我们所在的位置发射不同的信号，从物理学角度看，这与全息图非常相似，不同的角度看起来也不同，形成三维效果。这真是太棒了！

如您所见，人们正在为传输越来越多的数据付出巨大的努力。遗憾的是，在此过程中也出现了一些问题。由于传输距离较短，就需要更多的基站，那么总能耗也随之增多。此外，数据量有望增加。两者都将导致能耗的增加。

当然，5G 网络所需的巨大算力是 Commodore 64 无法满足的。情况刚好相反。只有少数芯片生产商能够设计出所需的电子部件。因此，为这些重要的基础设施部件选择供应商甚至成为一个高度政治化的问题。例如，前不久，我们在纽约一家电子商店要求为儿子的中国手机安装 SIM 卡时，店员抬手拒绝："我们有规定，不能这样做。"

倒塌的大桥

为什么振动可以产生戏剧性的效果

　　如果一座桥在你身旁摇晃并要倒塌，你会怎么做？跑开吗？还是站那儿用手机拍摄？无论如何，你可能都不会继续往前走。但 1940 年 11 月 7 日美国塔科马海峡大桥（Tacoma Narrows Bridge）倒塌前剧烈摇晃时，在场的人并没有大惊小怪。在摇晃的影像中（显然有人架起相机拍摄了这段影像），人们看到 800 多米长的吊桥在空中悠荡，就像一根跳绳被猛烈抛出——而头戴礼帽、身穿大衣、衣冠楚楚的绅士们仍面无表情地经过。还有人甚至从摇晃的桥上走过，然后不急不忙地下来。当他们走过镜头时，脸上的表情清晰可见：恐惧还是惊讶？似乎都不是。

　　显然，美国华盛顿州人对于这座疯狂的桥梁已经司空见惯了。塔科马海峡大桥即使在徐徐微风中也会摇晃——始终如此。原因在于它的建造特点：又长又细。它跨度 853 米，是世界上第三长的悬索桥（仅次于金门大桥和乔治华盛顿大桥）。尽管如此，它还是为两条车道和一条狭窄步道提供了足够的空间。这座桥在最轻的微风下也会不停地摇晃——不久之后就被称为"舞动的格蒂"。正因如此，它吸引了众多游客，有些人甚至专程来到这里体验乘坐过山车的感觉。这可能就是 1940 年 11 月 7 日，当一阵大风吹来，大桥又开始摇晃时，过往的行人会如此见惯不怪的原因。

　　互联网上关于塔科马桥坍塌的历史影片值得一看。在摇摇晃晃的黑白影片中，"舞动的格蒂"晃动得越来越厉害，最终，桥在中间断裂。一辆直到最后还在桥上的汽车坠入水中——所幸司机逃离到了安全地带。幸运的是，无人受伤——只有建筑师的荣誉受损。莱昂·所罗门·莫伊塞夫（Leon Solomon Moisseif）紧跟时代步伐，设计了此桥，因为细窄桥在当时是"潮流"，科隆罗登基兴桥也是以类似的方式建造的。到底出了什么问题？要知道，塔科马海峡大桥并不是世界上第一座细桥。是建筑师工作马虎了吗？

并不是。他遭遇的是一种物理现象——在天气方面，也是运气不佳。事情是这样的：桥梁上的风通常横向吹，也就是风从桥上横穿而过。结果，桥面开始摇晃和扭曲。桥在摇晃的位置与风相迎，吸收了越来越多的能量，使晃动愈发强烈——物理学家称之为自激振荡。当时，还无人做过桥梁模型的风洞测试。

在此之后，所有的桥梁都必须通过风洞测试。著名建筑师诺曼·福斯特（Norman Foster）（德国国会大厦穹形圆顶的设计师）在伦敦建造千禧桥（Millennium Bridge）时可能还以为自己的设计是安全的。这是泰晤士河上一座非常优美的步行桥，于 2000 年 6 月 10 日隆重开放——不久，该桥就被伦敦人称为"Wobbly Bridge"，即摇摆的桥。如果太多人（当时超过 2000 人）同时过桥，它就开始以美妙的节奏向侧面摆动：一秒钟一个来回——即 1 赫兹。两天后，考虑到安全问题，不得不将该桥关闭。这也是一个自激振荡的例子：当桥面因行人过多而开始轻微摆动时，人们不自觉地改变了步态，并根据振动的韵律调整自己的步伐节奏——也被称为振动同步。人们的动作看起来像滑旱冰。步伐的调整反而使桥的振动更加强烈。视频图像令人久久不忘！[1]

1　在 YouTube 上搜索"millennium bridge wobble"，会找到很多相关视频。

我们以处乱不惊的态度观察所有这些桥梁灾难。我们在鲁尔区开车经过的桥虽然不那么漂亮，但由混凝土建成，十分稳固，不会摇晃。我们不会感受到自激振荡所带来的影响——直到被家里的洗衣机所攻击。

横冲直撞的洗衣机

事情发生在女儿去地下室从洗衣机中取出毛巾之时，洗衣机向她迎面而来，它边甩干边向女儿蹦跳过来，在地下室的地板上敲打着快速、有规律的节拍。听见女儿呼救，我们冲进地下室，不假思索就认为是可以让洗衣机停下来的，然而，这想法真有点儿不切实际。如果你从未接触过以1200 转 / 分的转速在脱水程序中向你蹦跳而来的洗衣机，让我告诉你，那感觉就像拿着一个沉重的千斤顶。最后，我们能做的只有躲到一旁，震惊地看着洗衣机将洗衣篮挤碎，在墙上留下凹痕。直到脱水程序结束，它才停了下来，毫无反抗之力任由我们将其推回原来的角落。

起初，我们以为洗衣机的支撑腿经年累月之后变得高低不平才导致了漂移。但并不是这样，它没有一毫米的倾斜。我们的家电技师是一位天才，他经常以低廉的价格修理好我们认为可以丢掉的电器，给我们带来惊喜，是他向我们解释，意外发生的原因在于洗衣机中的减震器失灵了。减震器的作用是消除震动所产生的力，从而防止它不断地积聚。我们的洗衣机恰恰这个功能失灵了，所以在地下室横冲直撞。

鸣响的滤茶网

了解了桥梁损毁和洗衣机移动的现象，再机智地去做实验，也就不难

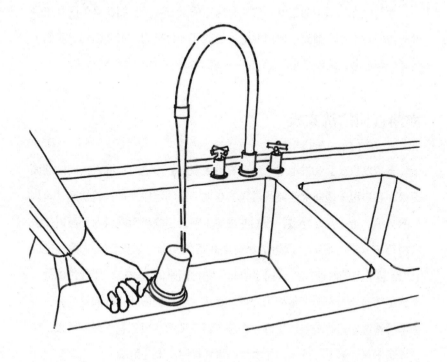

了，对吧？我们最喜欢的振动实验只需要两样东西：一个金属滤茶网（不锈钢材质，上面有很多细孔）和一个水龙头。

操作方法如下：

- 调整厨房里的水射流，使其恰好平稳，不滴水，也没有从水射流调节喷头（水龙头上方的管头，为射流加气从而达到节水目的）中冒出气泡即可。

- 然后，将手中的滤茶网底部斜着向上，让水射流击中滤茶网底部的中心位置，改变水射流的高度和强度，直至听到鸣响。

十年前，这个实验不可能存在。那时，茶叶通常是用棉网或袋泡茶的方式冲泡。然而，现在茶壶配备实用的钢制滤茶网日益普遍，越来越多喝茶的人可能会注意到，本想冲洗掉剩余的茶叶，却听到滤茶网发出鸣响。是一位电视编辑提出了这个问题："我的滤茶网在尖叫。为什么会这样呢？"我们才注意到这一现象。

对于物理学家家庭来说，没有什么问题比"为什么会这样？"更能引起兴趣了。这简直是世界上最好的问题，它激发人们去实验、思考和解释。然而，鸣响的滤茶网的首次实验是令人沮丧的：我们的滤茶网没有发出任何声音。在几次失败的尝试之后，一次"巧合"帮到了我们。我们完全按照上面的描述调整水射流，但是，只有当我们把滤茶网放得很低时，它才会发出鸣响。

滤茶网能否鸣响，水流速度有多快至关重要。尤其是底部的速度要更快，因为物体在坠落过程中速度会越来越快。被我们从阳台扔到屋外平台上的球，从水龙头中下落的水，都属于这种情况。对于我们的滤茶网，最佳水流速度正好位于水槽底部上方。

但声音是从哪里发出来的呢？其机制与我们在空中大力挥舞的细棍相同。孩子们在徒步远足时（"我们非得徒步远足吗？"），如果没有兴趣继续走了，他们就会把手中的登山棍在空中乱舞，棍子就会发出听起来像"嗖嗖"的声音。

这种"嗖嗖"声来自空气在棍子周围快速流动，很多旋转速度快的小涡流也随之形成。很多是多少呢？数不清，而且都不到一毫米。它们彼此相向旋转，一些向左，另一些向右。当一个涡流从棍子上分离出来时，下一个涡流立即出现。空气流动越快，涡流的这种变化就越快。在棍子后面，一长串的涡流相向旋转，形成卡尔曼涡街（流体力学中的一种重要现

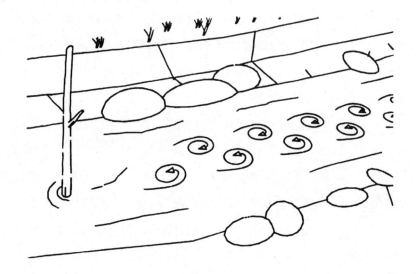

象）。当空气或水在障碍物周围流动时，总是会形成这样的涡街，看起来真的很美。这种情况也发生在快速流动的溪流中。在那里，在露出水面的木棍或石头后面，有时可以观察到非常美丽的卡尔曼涡街。

滤茶网的声音从何而来

然而，我们却听不到溪流中的涡流发出声音（除了溪流本身发出的美妙的潺潺声）。为什么滤茶网的情况就不同了呢？我们不要把滤茶网想象成带孔的金属物，而是将其想象成中间有金属障碍物的一个大孔，这会帮助我们弄懂这个问题。

水流绕过所有这些障碍物，就像小溪绕过露出水面的木棍。在每个障碍物的后面，都会产生逆向旋转的涡流，这些涡流被随后流过来的水流甩开，并向下坠落，与此同时，它们仍继续旋转。

因为涡流非常稳定，几乎没有什么可以让它们停下：它们几乎不会与周围的水或空气发生任何摩擦。即使是泳池中我们自制的、简单的涡流也能在整个泳池中滑行。[1]飞机后面有时甚至会蔓延危险的尾流，这可能导致其他飞行物的坠落。

可以想象，如此多的漩涡不会不留痕迹地从我们的水射流上经过。它们本想以漂亮且整齐划一的动作向下流动，但却首先遭遇了迫使自己不得不越来越快的重力。接着又遇到涡流。它们相向旋转，使水射流在压力下能够有规律地上下波动。

滤茶网的金属连接处被摇晃，发生剧烈的震动。起初，震动可能不太均匀，但稍后，滤茶网和涡流会相互调整、相互适应。可以想象，这与诺曼·福斯特所设计的伦敦千禧桥上的行人相似，他们完全根据桥的摆动来调整自己的步伐，从而使桥的摆动更加猛烈。

对于滤茶网来说，这意味着：如果水以最佳速度流动，就会形成涡街，过滤器开始有节奏地振动，并以这种节奏激发更多涡流的产生，过滤器因此而振动得更厉害。这样一来，一个稳定的系统就形成了。

关键是，滤茶网并不是随意振动，而是以其自然频率振动。自然频率是物体最易发生振动的频率，是物体的固有频率。我们敲击的钟总是以其自然频率发出声音。如果你用勺子敲击茶杯，就会听到茶杯的自然频率（或其频率之一，因为如果茶杯有把手，它甚至会有几个自然频率。试着敲打杯子不同的位置来感受一下吧！）。鸡蛋量杯与啤酒杯的自然频率各

1　泳池涡流很有趣。如果您想尝试，可以在《物理大爆炸》（*Physik ist, wenn's knallt*）（Heyne 2019）中找到有关此类涡流的详细说明和有趣的故事。

不相同。即使是同一种类的玻璃杯，如果装入不同量的水，也会产生不同的振动。

我们的滤茶网底部就是以自然频率振动的，并发出声音。明斯特大学物理教学研究所的威尔弗里德·苏尔（Wilfried Suhr）就此写了一篇精彩详尽的论文，[1] 其提出很多建议，例如，滤茶网实验也应在学校进行，因为它与我们的日常生活息息相关。遗憾的是，学校还没有做过这种实验，至少我们的孩子还没有经历过，不过，会有这种可能的。

涡流下的音乐

这个实验是值得一做的，因为用卡尔曼涡街和自然频率真的可以演奏音乐。我们可以用不同的滤茶网来演奏音乐，滤茶网底部的密度不同，发出的声音也不同。我们曾经尝试编排一支这样的滤茶网乐队——很遗憾，没有成功。在逛了一遍我们这座城市的商店及各种网店后，我们无奈地发现：滤茶网行业还没有发展到我们想象的程度，还没有那么多不同的滤茶网。

但是，有一种乐器就是根据这一原理发声的：风神琴，也被叫作埃奥尔斯琴，是一种只依靠自然风来演奏的古希腊乐器。其琴弦的粗细和长度各不相同，这样，琴弦就可以在一定的风速下发生不同频率的振动。人们只需把风神琴安放在一个合适的位置，风一吹，音乐就开始响起，不需要由人来触碰乐器。据说，大卫王（《旧约》中的人物）的床头就挂着这样

1　威尔弗里德·苏尔，《滤茶网发出的口哨声—— 一种流体声学日常现象》，《PhyDid A——学校里的物理和教学法》，1/19（2020），第57–66页。

一把埃奥尔斯琴——人们不禁产生疑问：他的卧室里究竟会有多大的风？

爱德华·莫里克（Eduard Mörike）有一首关于风神琴的诗，由约翰内斯·勃拉姆斯配乐。诗中，莫里克表达了自己对风神琴的迷恋。其中有这样一句话：

"风神琴轻柔的呼唤

不断响起，致甜蜜的惊惶

（……）"

感到惊惶的一定还有鹿特丹的人们。伊拉斯谟斯大桥就坐落在那里。第一眼看上去，它就像一架风神琴。139 米高的弯角桥塔耸立在新马斯（Nieuwe Maas）河上，粗壮的斜拉式钢缆支撑着桥身。虽然这些钢索如大腿般粗壮（直径达 22.5 厘米），[1] 但实际上，这些钢索会像琴弦一样振动，只不过不是在狂风或行人走路节拍的影响下——只有当风达到 6 ~ 7 蒲福风级（国际通用的风力等级），并且同时还伴有降雨，振动才会开始。一根巨大的钢索来回摆动的幅度甚至可达 70 厘米 / 秒！然而，雨一停，摆动就会消失。

下雨与振动之间有什么关系？这要归咎于斜拉索上所形成的水流。与钢索的直径相比，平浅的水流无关紧要。然而，众所周知，微小的表面变化也会对水流产生重大影响。例如，高尔夫球因其表面被称为凹坑的小凹窝，飞距几乎是表面光滑球类的两倍。当钢索开始摆动时，其上下都会有

1　C. Geurts，《风雨激振的数值模拟》（*Numerical Modelling of Rain-Wind-Induced Vibration*），《鹿特丹伊拉斯谟斯大桥国际结构工程》，1998 年 5 月。

水流形成，斜拉索表面产生周期性空气旋涡脱落。现在，摆动的钢索、因钢索摆动而来回移动的水流以及周期性空气旋涡共同形成了一个复杂的系统，这些都是使重达数吨、如大腿般粗壮的钢索剧烈摆动的必要条件。

幸运的是，几乎所有的物理问题都有物理解决方案：人们给伦敦千禧桥和鹿特丹伊拉斯谟桥的钢索都巧妙地安装了减震器，使振动不会增强。对造价数十亿美元的建筑物起作用的东西在我们的日常生活中同样有用。我的洗衣机自从安装了新的减震器，就再也没有发生过丝毫的漂移。

日常干扰系数　⛈⛈⛈⛈⛈

生活妙招系数　💡💡💡💡💡

潜在灾难系数　💣💣💣💣💣

不要把沙发扔出窗外

让人无法摆脱的万有引力

有些故事听起来好像是抄袭动画片的桥段。下面这份屋顶工的事故报告就讲述了这样的故事：一个屋顶工为一栋六层楼的房子铺盖屋顶，看起来，瓦片买多了。完工后，还剩下 250 千克的屋顶瓦片。当然，他根本不想把这个重量的瓦片背下楼。当然，也不能把瓦片抛下去，因为那样的话，瓦片很可能就碎了。他决定慢慢地把它们从建筑物侧面放下来。为了做到这一点，他找了一个又大又坚固的桶，并把它拴在一根绳索上，然后把绳索搭在一个滑轮上。

然后他跑下六楼，把绳索固定在地面上，再跑上六楼，把瓦片装到桶里。

然后再次到楼下，把固定在地面上的绳子解开。体重为75千克的屋顶工紧握绳索接近地面的一端，另一端则是装有250千克瓦片的桶。桶在上方只停留片刻，就俯冲下去，与此同时，屋顶工被拽了上去（仍然紧握绳索）。他在事故报告中写道："在大约三楼的位置，我撞到了从上面冲下来的桶。"当桶撞到地面时，桶的底部断裂，瓦片从桶里哗啦掉出去。现在，桶几乎空了，不再重达250千克，可能只有25千克重。于是，处于顶端、手握绳索的屋顶工突然变成更重的一端——整个过程发生了逆转。屋顶工向地面冲下来，桶和其中的残余物被拽向上方。幸运的是，他没有伤及性命，只有几处骨折。不过，这仍然是一个相当可怕的故事。那又该怪谁呢？重力！对于大多数人来说，当人们被问到对物理学了解多少时，可能首先想到的就是重力。正如在序言中已经提到的，在物理学家的办公室里，有一张很符合此处所描述的情景的明信片，上面写着："我所了解的物理学是：东西会掉，被电会痛！"这句话蕴含了很多道理——当然也向我们发出挑战，去看看是否能以某种方式战胜它，即重力（或称万有引力，这是它在物理学中正确的叫法）。

我们选择了一个非常难以对付的敌人（请原谅我的文字游戏）。万有引力是物理学的四种基本力之一，但与其他三种力[1]不同的是，我们每天都能切身感受到引力的存在。它决定了我们的生活——无论是好是坏。重力作为万有引力在地球表面的表现形式，是我们跌倒的原因。令人欣慰的是，它也使我们能够留在这个星球上成为可能。

1　其他三种基本力是电磁力、弱相互作用力（引起放射性核衰变等）、强相互作用力（将微小原子核结合）。

为何小孩儿不会摔得很重

在我们还是孩子的时候，摔跤不是什么糟糕的事情。小孩儿总是摔倒，然后爬起来。他们的骨骼和关节比较灵活，质量比成年人小。此外，因为个头矮，他们摔倒的落差也比较小，因此身体在下落时有较少时间来加速。通常，随着年龄的增长，我们越来越少摔倒。这也合情合理，因为到了一定年纪，摔跤变得越来越危险。联邦统计局的数据显示，德国每年约有10000人死于在家中摔倒，大多数是在打扫卫生时发生的。这比车祸造成的死亡人数要多得多（每年只有约3500人死于车祸）。结论似乎很清楚：要想活下去，就别打扫了！

因此，重力可能是一个危险的物理故事。这个故事始于艾萨克·牛顿和他的苹果（你一定知道这样一个传说：1665年夏天，牛顿躺在一棵树下，想知道为什么苹果总是径直落到地上。有些人在讲这个故事的时候甚至列出了苹果的品种，即"肯特之花"）。事实上，牛顿是第一个用公式描述重力的人，即万有引力定律。在此之前，关于什么会导致身体向下坠落，有很多疯狂的理论。希腊人，特别是亚里士多德（前384—前322），将宇宙视为一个自成一体的完美系统，将运动看作一个需要驱动力的过程，而"物质"则被视为火、水、土和空气的混合物。根据这一理论，由土和水元素构成的重物往往会向地面下落。它们越重，下落的速度就越快。相应的，空气和火则是向上运动的元素。

亚里士多德的理论持续了2000多年，这是因为它与日常经验非常吻合，所有领域（宇宙、运动、物质）似乎都相互联系，没有矛盾。尼古拉·哥白尼（Nikolaus Kopernikus）发现地球和其他行星一样围绕太阳旋转，像这种对细节产生动摇的人，撼动了由基督教会代表所坚守的整个思想大厦。中世纪，阿拉伯学者进一步推进了关于不同质量之间力的理论，而当时，在西方世界，这些研究成果一直无法被认可。

重的物体不会下落更快

后来又出现了伽利略·伽利莱（Galileo Galilei）。他于17世纪初宣告了今天我们所熟知的物理学研究的开始。伽利略是物理实验的开创者之一，他所做的自由落体实验举世闻名。他以巧妙的思想实验向一直以来占主导地位的学说提出了质疑。最著名的思想实验是：亚里士多德认为，重物比轻物下落速度快。但是，如果你把一个较轻的物体（如一块巧克力）放在一个较重的物体（如一个巧克力榛子酱玻璃瓶）下面，让两者都掉下来，会发生什么？一方面，巧克力必然会阻碍榛子酱玻璃瓶的正常下落而使其变慢。另一方面，巧克力和玻璃瓶一起比玻璃瓶单独更重，因此下落的速度必然比玻璃瓶自己更快。这显然是矛盾的！伽利略意识到，在忽略空气阻力的情况下，所有物体都以同样的速度下落。

然而，在重力研究者的排名榜上，伽利略显然位于牛顿之后。1687年，牛顿出版了名著《自然哲学的数学原理》，对于这部著作对物理学的意义给予多高的评价都不为过。[1] 他在此书中"只"论述了整个力学领域，给出了几乎可以计算所有运动类型的公式。每个物理专业学生在第一学期

1　当然，我们不想略过其他重要人物。在牛顿之前，天文学家约翰内斯·开普勒（Johannes Kepler，1571—1630）已经研究出三条描述行星轨道的重要定律。罗伯特·胡克（Robert Hooke，1635—1703）认为，两个质量体因重力而产生的吸引力与它们间距的平方成正比。两者对牛顿在万有引力方面的思考都起到了至关重要的作用。

几乎都在应用牛顿力学，并会惊叹这一切都是基于著名的牛顿三大定律。然而，在牛顿的书中，万有引力定律也是第一次出现，通过该定律，可以用数学来描述"肯特之花"苹果的下落和围绕太阳运行的星体。因此，牛顿的公式与伽利略的开创性发现是一致的。

现在，要隆重介绍这个公式了。女士们，先生们，这就是有史以来四大基本力之一的第一个公式（此处应有致敬的吹奏声）：

$$F_G = G\,\frac{m_1 m_2}{r^2}$$

对于想确切知道这个公式的含义以及如何用它进行计算的人，我们推荐阅读本章后面的智慧解析框。对于其他人来说，唯一重要的是，万有引力的大小和物体的质量以及两个物体之间的距离有关。因为，除行星外，引力对所有有质量的物体都会产生影响：大象、汽车、每一个空气分子和装满屋顶瓦片的桶。当然，还有我们自己。

餐桌旁的引力

我们写这一章的时候，正一起坐在桌前思考。实际上，我们两人之间的引力应该是可以计算出来的，只需将各自的体重和我们之间的距离套入公式即可。如此照做，得出的结果是：如果我们，体重 80 千克的马库斯和体重 65 千克的尤迪特，保持 1 米间距相向而坐，那么我们之间的引力是 0.0000003364 牛顿，相当于 34 微克的重力，真是微乎其微。不需要太多努力，我们就可以克服这种引力，比如坐在椅子上往前滑，或者到厨房去拿杯咖啡。至少我们可以战胜这种引力了。

早上我们不得不起来煮咖啡的时候，感觉有些困难。因为那个时候，我们要与舒适的床重力做斗争，尤其是还要与地球引力做斗争。后者的重量，也可以利用万有引力定律公式计算出来。我们只需调整一下公式就可以得出结论：地球重达 59.7 万亿亿吨。听起来很重，我们无法与之抗衡。但是，尽管地球如此重，它和我们也是平等的伙伴。力作用于两个物体之间，就像地球吸引我们一样，我们也吸引着地球。

达尔文奖和万有引力

遗憾的是，我们跌倒时，这个道理却帮不上什么忙。很多离奇的重力故事其结局都是死亡。例如，那个律师的故事，他在一栋高层建筑的 24 楼朝窗户撞过去，以证明窗户的牢固性（实际上并不牢固）；还有那个汽车司机的故事，他在交通拥堵时，跳过防撞栏，想在边道上迅速解个手，却没看到那里有一条沟壑。达尔文奖团队 20 多年来一直在收集和颁发"最愚蠢"死亡案例的奖项。刚才提到的两个例子也来自这个案例名单。不是所有的案例都与重力有关。"获奖"的一个标准是该人因自己的愚蠢行为而死亡。但是，由于引力无处不在，所以很多案例都与引力有关。

引力在物理学上之所以充满期待性，是因为人们仍然无法确切了解它的原理。我们当然知道物体互相吸引——但它们究竟如何彼此吸引？物理学的其他基本力，如电磁力，已知是基于粒子的交换。交换粒子介导了从 A 到 B 的力。电磁力的媒介是光粒子，即光子。它会与引力的情况类似吗？科学家们猜测，情况是相似的。而且已知应该把引力粒子称为什么，那就是引力子。众多理论论证，引力子本身没有质量，却有一定的自旋角动量。引力子至今还没有被证实。但我们可以肯定的是，引力也是以光速传播，正如爱因斯坦在其广义相对论中所猜测的那样。几年前，人类首次成功探测到引力波：当两个黑洞在距离地球约 100 万光年处合并时，就会产生引力波。它导致时空变形。爱因斯坦可能会感到惊讶——他从未想过可以进行如此精确的测量。

国际空间站上的食物为什么会飘浮

我们的目标是，至少可以稍微克服引力，这一目标至今尚未实现。也许外太空才是问题的关键所在。那里没有重力吗？不，那里也有！认为太空没有重力是一个普遍存在的错觉。例如，《斯图加特新闻报》在儿童版面上说："引力在太空中不起作用，所以宇航员的食物会飘浮。"该文的目的是向读者解释为什么宇航员的三明治不在盘子上，而是在国际空间站里飘浮。对此，我们只能说：孩子们，不要相信他们的话（当然不是普遍意义上的媒体，只是在这种特定的情况下）！宇宙各处，引力无处不在。这是必然的，若非如此，太阳系中的所有行星都会漫无目的地四处飘移。

没错，我们离地球越远，地球的引力就越小。国际空间站在距离地球 420 千米的高度运行。这里的引力显然比地球上要小，利用万有引力定律甚至很容易计算出小多少：12%。地球对国际空间站的引力少了 12%，仍然有 88% 的力吸引空间站，仿佛空间站就停在阿尔迪（Aldi）超市前。

这难道不令人惊讶吗？为什么空间站不会坠落呢？因为它的飞行速度很快。高速飞行下，如果不是因为地球引力，它会径直呼啸而去。地球引力的存在，对宇航员来说是有利的：它将国际空间站持续地拉向地球，并使其轨道趋近椭圆。在适当的速度下，国际空间站的运动和地球引力刚好相互平衡，空间站因此而能够围绕着我们的星球在一个美丽的环形轨道上飞行。

几乎是这样！

引力总是获胜方——在上述情况下，也是如此。因此国际空间站必须时不时地加以动力以避免坠落。国际空间站在较长时期内的飞行高度情况如下图所示：

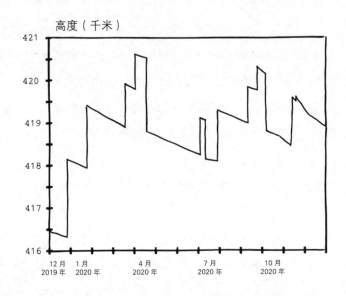

曲线垂直向上的位置，显示的是国际空间站在此处加以动力。因为即使在 420 千米的高空，空间站也必须克服一定的流动阻力。在那里也有大气层，只是比地球上的"薄"得多。这种大气阻力引发摩擦，并使国际空间站飞行减速。因此，国际空间站每隔几周就要加以动力，把自己重新拉回到合适的高度。空间站的飞行速度逐渐减慢，这是必然的。因此，曲线图中的线条显示出轻微的下行坡度。国际空间站与地球的距离越来越近，直到下一次发动机点火。如果在此期间不加以动力，重力和离心力之间的平衡将被打破，国际空间站会像漩涡一样围绕地球旋转，越来越靠近地球，直到它最终坠毁。

现在，我们仍然想知道为什么宇航员的食物会飘浮起来。不仅食物，宇航员们也会飘浮，在空中翻筋斗，睡觉的时候必须系好安全带。他们在国际空间站中处于失重状态。但这并不是因为那里没有地球引力。恰恰相反。同样的原理也适用于空间站和其内部的一切。就像国际空间站的船体一样，宇航员的三明治也以 7.66 千米 / 秒的速度绕地球运行，并经历同样的离心力。然而，地球引力不仅作用于国际空间站，也作用于三明治上。两者之上的离心力和重力都相互抵消。因此，和国际空间站相比，三明治不是运动状态，它飘浮着。如果给三明治一个推力，严格来说，它就不再具有与国际空间站相同的速度，因此一定会远离抑或靠近地球。但这种影响非常小，以至于无人会注意到。

这样也不错，因为食物对宇航员来说非常重要。毕竟，他们在太空中数月，东西不好吃也不能随意去买。NASA 经营着一个"太空食品实验室"，以开发可长期保存并且美味的菜肴。宇航员自行选择需要携带的东西。他们从食物中获得多大程度的饱足感也与重力有关。当我们吃东西时，食物通常会到达胃的底部。从那里，机械刺激感受器发出信号，表明有东西到了。但是当食物在胃里飘浮时，就不会总这样了。因此，饱腹感出现得较晚——只有在胃部稍微伸展时才会出现。

重力作用下的分层鸡尾酒

前几天，在一个朋友的生日聚会上看到一种利用万有引力调配而成的鸡尾酒（是的，我知道，严格来说，每一种饮料都因为重力而留在杯子里。但对于这款鸡尾酒来说尤其如此！）。其配料如下：

你需要：

- 橙汁
- 气泡酒或苏打水，用食用色素染成蓝色
- 气泡酒或苏打水，用食用色素染成绿色
- 石榴糖浆（其他红色糖浆亦可）

具体方法如下：

将些许橙汁倒入玻璃杯中，再将一勺糖浆缓慢倒入其中。最好是将勺子的尖端放在橙汁的表面以下，靠着杯子的边缘。因为糖浆含糖量高而比果汁重，所以会沉到杯底。用同样的方法将蓝色和绿色气泡酒（或苏打水）相继倒入杯中。它们比橙汁的糖分要少，因此停留在橙汁之上。一杯美丽、色彩丰富的分层鸡尾酒就调制成功了。

鸡尾酒只有被搅拌时，密度差才会消失，颜色才会混合。如果大力搅拌，很可能也会把气泡酒或苏打水中的二氧化碳溶解掉，入口时舌头上就不会再有刺痛感了。

自然界中也存在这种情况。但不再具有趣味性，而是致命的。1986年，喀麦隆有 1700 人死亡，因为大量的二氧化碳从一个湖泊中泄漏出来。尼奥斯湖非常深，湖底含有大量处于高压下的二氧化碳。我们可以把它想象成拧开气泡水瓶的效果。如果出于某种原因，例如山体滑坡或小地震，湖泊被"搅动"，含有二氧化碳的湖水就会到达顶部。在那儿，压力较低，二氧化碳不能再保持溶解状态而变成气态。与此同时，气泡带着水往上走，湖面因此发生剧烈的动荡。1986 年，160 万吨二氧化碳释放到空气中，涌入两个相邻的山谷，导致很多人和动物死亡。如今，该地区已成为封闭区。为了结束这种封闭状态，人们在湖中安装了一根根长长的垂直管。富含二氧化碳的水从管道中喷出，形成 40 米高的永久性间歇泉，湖中二氧化碳含量随之不断下降。

摆脱引力的 3 种方法

人类到底有没有办法战胜万有引力？答案是肯定的。在此介绍 3 种方法：

- 抛物线飞行：一架飞机以全推力起飞抬高机头，然后减油门降低发动机推力，飞机进入抛物线飞行状态，然后再朝地球方向俯冲。在这 25 ~ 30 秒内，机舱内的人是失重的。飞行员再次以全速起飞的方式将飞机拉起。乘员们被压在机舱地板上——直到下一次失重飞行。这个过程在每次飞行中要重复 30 次左右。这是宇航员为太空失重所进行的训练。有些人会支付几千欧元来体验这种失重的感觉。所有人共同的经历是：感到恶心，而且这种感觉会反复出现。起飞前，乘客会得到一种药物来安抚他们的胃。然而，这种飞机仍然得到了"呕吐轰炸机"的外号。

- 胃很快就感觉不舒服的人，可能会更喜欢我们下一种失重体验的推荐。前往地心！在这里，你将被完全相同的质量向右、向左、向上、向下、向前和向后牵引。地球各个组成部分的引力正好相互抵消。遗憾的是，360 万倍的压力以及 7000 摄氏度的温度可能让人无法忍受。相比之下，恶心的感觉也可以承受了。

- 神秘推荐：拉格朗日点。所有试图摆脱地球引力的人都不要忘记，角落里还潜伏着太阳。它的重量是地球的 30 万倍，我们很难摆脱它的引力——除非借助地球引力。在太空中，有一些位置，地球和太阳的引力与离心力正好相互抵消。那里至地球和太阳的距离总是相同的。这些极少数的位置可以被精确计算出来，甚至可以用于技术领域。它们被称为拉格朗日点，一只手就能数得过来。恰好有5个。

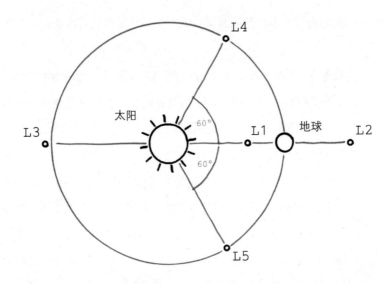

哈勃望远镜的"继任者"将被发射至第二拉格朗日点。发射至这个位置的好处是：它不必像一般电视卫星那样永远围绕地球运行，而是保持在地球后面的位置，不受太阳辐射的影响。另一个点，第三拉格朗日点，一直激发着科幻小说作家们的想象力。从地球上看，它正好位于太阳的后面，在各种书籍和电影中以"反地球"假说出现，它是一颗看起来和地球一模一样的行星，我们从未看到过它，因为它总是正好在太阳的另一侧运行。这在物理上是说不通的：如果那里有另一个地球，它也会有一个质量，有自己的引力。这将使整个系统失去平衡。尽管如此，这个想法还是催生了一些有趣的故事：1969 年的英国科幻电影《叠魔惊潮》中，宇航员降落在反地球上，发现那里的一切都与地球完全一样，只是镜像颠倒了。家具在房间的另一边，器官在身体里的分布也是相反的。甚至在儿童读物《恐龙漫游太空》中，也有这样一个星球，被称为 Arutuf——就是将"Futura"（德语：未来）倒过来写。也许那里还会有反向的引力。当然，这只是理论上的想法。

目前，我们在地球上无法摆脱引力。当我们思考引力给我们带来的麻烦时，马库斯学校乐队的主唱亨宁·蒂默便浮现在脑海中。几十年前，他在我们这座城市的街道上正走着，一个沙发从楼上的窗户掉出来砸在他身上。你可能会觉得这就像动画片里的桥段：幸运的是，动画片里人被砸成纸片的情况并没有发生。沙发只是蹭到了他，他受了点儿惊吓和擦伤，幸免于难。他运气很好。因为像这样的沙发一旦从高空落下，引力就会牢牢抓住它——而我们毫无反抗之力。

日常干扰系数　🌧🌧🌧🌧🌧
生活妙招系数　💡💡💡💡💡
潜在灾难系数　💣💣💣💣💣

智慧解析框——万有引力定律

$$F_G = G\,\frac{m_1 m_2}{r^2}$$

这个计算公式就是万有引力定律公式。该定律告诉我们什么呢？它描述了两个物体之间因质量而产生的引力。在物理学中，力总是被称为"F"，即"Force"。因此，引力的缩写为 F_G。

我们用这个公式可以计算出一个人和他所在行星之间的吸引力有多强。让我们从右侧的第一个字母开始：G——实验室中经过大量测量工作得出的一个微小、不变的常数，其值为 $6.67430\times10^{-11} \mathrm{m^3}/$（$\mathrm{kg\cdot s^2}$）。更引人注意的是相关物体的质量，即人和行星的质量，也就是公式中的 m_1 和 m_2。

质量越大，吸引力就越大。因此，万有引力与两个质量成正比。如果地球的重量是一半，那么当你在早上称重量时，体重秤上显示的重量只有一半。

当然，质量之间的距离 r 也必须输入公式。物体间距离越近，彼此间的引力就越强。距离从物体质心开始计算——若物体为行星，就从球心开始计算。

在质量相同的情况下，如果地球半径值只有一半，我们自然就会更接近地球球心，引力会大大增加。不仅如此，公式中的 r^2 在距球心一半的位置，引力将增加 4 倍。因此，人在密度极高的中子星附近会感到很不舒服。

如果我们站在火星上，情况会好一些：这个红色星球的重量大约只有地球的 1/10。这大大降低了火星对我们的引力。同时，由于它只有地球的一半大小，其球心离我们更近，因重量问题而减少的引力得到些许补偿。总之，这些情况导致浴室的秤在火星上只能显示我们在地球上体重的 0.38 倍。也许我们的子孙后代有一天可以去到那里感受一下。

儿童房中的意外事件

爆裂的玻璃窗

　　窗户大，房间亮，这是我们搬进新房子时最期待的。终于可以从昏暗的阁楼公寓搬出来，住进带花园、阳光充足的联排房。好吧，花园很小，可是客厅的窗户是落地窗，穿过玻璃门就可以直接走到露台。不过，我们的孩子觉得太亮了——反正，他们做的第一件事就是搭了一个洞穴，就搭在客厅里，因为顶楼的新儿童房还没整理好。祖父母为此专门送给他们靠垫：大约是一平方米的长方形泡沫垫子，上面套着他们精心缝制的套子。有了这些垫子、椅子和几个毯子，孩子们建起了一个宏伟的"屋中屋"，只有当他们想要把棒状盐粒饼干、烤面包或巧克力棒搬进洞穴，才会从里面出来。

　　三天后，洞中状况显然已经令孩子们不舒服了。"里面必须得拿吸尘器吸一下了，"儿子解释说，"但你们不能拆掉它！"

　　又过了三天，女儿不小心坐到了一个有些化了的巧克力棒上，因此允许我们把洞穴拆掉。我们一起把垫子收起来。但是，当女儿把最后一块靠在窗户边上的垫子拿下时，大声喊道："这块玻璃坏了！"果然，如地板一样厚的窗玻璃上有一条长长的裂缝。我们对孩子们大发雷霆——他们一定是玩积木或其他什么东西时碰到了窗玻璃。然而，孩子们发誓，他们拿进洞里的最硬的东西就是烤面包了。

　　我们继而迁怒于开发商。毕竟，房子是全新的，还在保修期内。我们打电话投诉，窗户被更换，事情暂时平息下来。然而，几周后，儿童房的窗户又裂缝了。这个房间的窗户也是落地大窗。这一次，我们没有怀疑孩子，而是直接怀疑开发商。他们到底安装了什么垃圾窗户？

然而，当我们再次打电话投诉时，却遭到了回绝："您把什么东西靠在窗户上了吗？"电话里的女人不耐烦地问，"靠垫还是什么别的？"马库斯手拿电话站在儿童房中间，他看了看，果然，有一个用来建洞穴的垫子正靠在破损的窗户上。那一刻，马库斯的脸和垫子的颜色一样暗红。我们羞愧地挂了电话，把垫子拿开。垫子很暖和——当时是初夏，太阳直射在窗玻璃上。很显然，太阳光把垫子加热了，而玻璃却不喜欢垫子上的高温。但是，为什么玻璃能应付外面温暖的阳光，却不能应付垫子的高温？要想回答这个问题，需要深入了解物理学。最终甚至解释了我们的星球为什么会面临气候变化的威胁。

让我们从头开始分析：阳光照在儿童房的窗户上，光线毫无阻碍地穿过窗玻璃（这正是玻璃的用途）。尽管如此，我们还是先仔细看看吧，因为"我们以为的"太阳光并不存在。太阳光由不同波长的光组成。其中一些我们可以看到，另一些则看不到。严格来说，我们只能看到地球表面上的极小部分光，如下页图所示。

横轴显示光的波长，单位是纳米（十亿分之一米）。竖边的轴显示的是随着光一起到达地球的辐射能量。我们所看到的只是阴影区域！这种可见光的波长为380～780纳米。它含有巨大的能量，甚至比太阳光所有其他波长的光加起来还要多。

在可见光的左下方，可以看到一小块，显示的是紫外线。这种光只有当它把我们的皮肤晒伤变成红色或者当它使霓虹灯闪烁发出颜色时，我们才能间接看到。在可见光右侧，是大范围的红外光。这些光的频率对我们

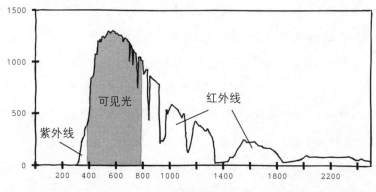

太阳辐射强度（瓦特／平方米）

可见光

红外线

紫外线

波长（单位：纳米）

无害，我们也看不到它们。蛇类在这方面比人类厉害：它们有蝮蛇感温器官，可以感知红外辐射。可以说，这些动物看到的是其周围环境的热图像。这对夜间打猎很实用。蛇头上的感温器官清晰可见，是鼻孔和眼睛之间左右各一个小凹槽。

很遗憾，人类没有这样的东西，但我们有热成像仪。我们可以用它找到房屋的热能源泄漏点，或者用它拍一些有趣的照片，看出你的鼻尖比额头要凉一些。如果你喜欢手工制作并且想尝试一下热成像仪，你可以在网上找到如何将个人电脑的简易网络摄像头改装成红外摄像头的说明。大多数网络摄像头都有一个可以过滤掉红外光的过滤器。如果把这个过滤器去除，你就有了一台热成像仪。或者你可以为手机装一个热成像仪配件。

如果将热成像仪对准靠在窗边的垫子，我们就可以清楚地看见所感受到的东西：垫子真的很烫。这是因为每一缕阳光都直射并穿过窗户，与此同时，阳光也照在窗户内侧的红色软垫上。然而，与窗玻璃不同，软垫不会允许光线穿过。它将阳光中的红光反射出去（因此，我们看到织物是红色的），并吸收其余的光：垫子吸收了光线。可以说，垫子阻止了光的传播，把光的能量保留下来。光存留在垫子里——垫子变热。

现在，必须将存有热量的垫子拿开。让我们将热垫子和与你手中握着的装满热可可的杯子进行比较。杯子有数种方法来降温，例如：

1. 杯子之所以向你的手指散发热量，是因为杯壁的原子因受热而迅速振动，并将其动能传递给手指皮肤。这就是热传导。

2. 热空气在你的可可上方升起。冷空气从两侧被吸入，接触到热可可，在那里通过热传导再次被加热并再次上升。这种通过空气流动形成的热量传递被称为对流。住宅中，对流对于散热器的热量传递十分重要。

用这两种输送热量的方式，就可以制作完美的绝缘体。我们把可可倒入一个密封容器里，将其拧紧，然后挂在真空罐里的一根细线上（导热性极差），抽走所有的空气。对，就是这样！

现在可可无法再传递热量，因为它接触不到任何东西（除了细线）。由于缺少空气，对流也无法形成。你可能已经注意到，真空罐里有一个钩子（是的，在真空钟罩内部的顶端。真机智！）。事实上，还有第三种热传递方式：

3. 热辐射。每个物体不管愿意与否都会发出电磁辐射，就热可可而言，发出的则是红外辐射。这就是我们看不到的红外光。因此，尽管密封在特百惠容器中，热可可仍然失去越来越多的能量，即热量。直到——嗯，直到热量彻底消失吗？不完全这样。所有的物体都散发热辐射，所以真空罐和它周围的整个房间也是如此。可可会吸收这些热辐射。热可可的温度会继续降低，直到它和周围环境温度一样低。热辐射导致的热流失相互抵消，房间里的所有物体都处于平衡状态。

热辐射很复杂。直到 19 世纪末，人们一直试图用公式来计算不同温度的物体释放出多少能量和释放哪种能量，但都徒劳无功。直到 1900 年，著名物理学家马克斯·普朗克用普朗克（Max Planck）的辐射定律成功地对其进行了建模。

普朗克的发现可谓一场革命。因为在当时，许多物理学家认为这个世界已被大家完全理解。当马克斯·普朗克开始学习物理学时，他被告知几乎所有的东西都已经被研究过了，人们只需去填补一些微不足道的空白。然而，他们想错了。马克斯·普朗克用自己的公式不仅成功论证了所有其他已知的热辐射特性的相互关系，而且意外地成为一个新的自然常数的发现者：光速（下面公式中"c"）和玻尔兹曼常数"k"已为人熟知。马克斯·普朗克是提出普朗克常数"h"的第一人。普朗克在计算中输入这个微小的数值，就可以精确地计算出物体放射出多少热量。顺便说一下，这也是量子物理学的诞生，只是后来才逐渐被人确认。普朗克的辐射定律公式如下所示：

$$B_v(T) = \frac{2hv^3}{c^2} \frac{1}{e^{hv/kT} - 1}$$

这个公式真是有些让人望而生畏？别怕！它与大多数公式一样，内容非常清晰：它指出具有一定温度的物体总是在一定波长范围内放射能量。马克斯·普朗克在此研究的是一个假想的"理想黑体"。如果把太阳的温度（大约6000摄氏度）输入公式，就会得出与上面显示可见光和不可见光的图解相似的发射光波频谱。

热垫子也是辐射能量的物体。然而，我们无法测量它的确切温度，因为当我们发现窗户损坏的时候，为时已晚。但我们可以估计出它的温度（物理学家总是喜欢在他们不了解情况时进行猜想）。开始吧：我们的窗户是由普通的双层中空玻璃制成，这种窗玻璃可以承受不同点的不同热度。情况是，早晨太阳照到左上角，然后向下移动，但窗玻璃的耐热度是有限的。

根据生产商的说法，我们的窗玻璃具有40摄氏度的耐温变性。因此，在窗玻璃左上方温度20摄氏度（正常室温），垫子右下方温度60摄氏度的情况下，我们不必担心玻璃破裂。在我们的案例中，温度差异肯定更大，因为窗玻璃发生了爆裂。原因可能是垫子使右下角的窗玻璃温度上升到了70摄氏度。

现在，马克斯·普朗克开始发挥作用了！我们将70摄氏度的温度输入普朗克公式，然后得出：垫子在8500纳米的波长下放射最多的热量。

这些热量主要辐射到垫子所倚靠的窗玻璃上。垫子的热量问题解决了，热量散发，使命完成。

不过，窗玻璃却遇到了问题。因为垫子会散发掉高于自己波段区的辐射，窗户却无法做到这一点。8500 纳米不是可见光的范围，而是纯热辐射。我们崭新、明亮、光线充沛的联排房当然安装了节能窗户。而且它们的设计是为了将热量留存在房子内部。

10 毫米厚窗玻璃的透光性

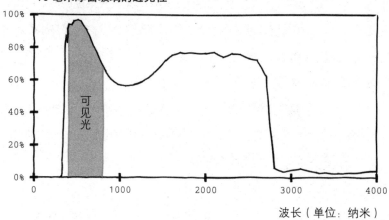

波长（单位：纳米）

此图中 [1]，我们可以看到现代窗玻璃的透光率情况。幸亏来自外部的、波长在 380 ~ 780 纳米之间的可见光可以照射进来，屋内才得以亮亮堂堂。很大一部分不可见的红外光也可以穿过窗玻璃（因此我们可以用红外遥控器透过窗玻璃打开电视）。但看看图上右侧边缘：这里显示的波长略

1　资料来源：M. Rubin. Optical properties of soda lime silica gelasses，Sol. Energy Mater. 12, 275– 288（1985）。

低于 4000 纳米，这个波长的光几乎无法穿透玻璃。波长更长的光同样如此。来自垫子的 8500 纳米的辐射是无法穿过窗玻璃的。简单地说，窗玻璃让阳光进入，但无法让热量散出。[1]

当然，垫子情况不同，它继续放射出热量。热量积聚在垫子靠在窗户上的位置，那里的玻璃越来越热。窗玻璃此时在做什么？它像所有发热物体那样试图膨胀，其张力越来越大，但玻璃没有那么多空间，最终裂开。

我们可以以破坏性实验复制这种效果，方法是将开水快速倒入饮水杯中（当然，要把杯子放在水槽或水桶中，而不是拿在手里）。除非使用拿铁玛奇朵玻璃杯或玻璃壁特别厚的果酱罐，否则很有可能会爆裂。玻璃杯的温度在倒入水的瞬间变得极高。杯子想膨胀，速度却不够快，所以爆裂。相反，如果将开水缓慢倒入，并时不时地停顿一下，玻璃就会完好无损。

意面酱灾难

不久前，我们无意中实践了这个实验。我们这些研究物理学的人作为一个团队习惯每周三一起吃饭。每个人轮流带午餐或在办公室里做午餐。我们没有设备齐全的厨房，但仓库里有一个带水槽、冰箱和两个电热炉的小厨房。我们本想用其中的一个炉子加热意面酱（芝士奶油配蘑菇和小番茄，非常美味）。美味的意面酱装在一个玻璃锅中，虽然锅本身可用于烤箱，但电热炉的第九挡局部热量显然是锅无法承受的，于是玻璃锅开裂，在大约 1/3 处形成了一圈整齐的裂缝。奶油酱洒在了冰箱上方的电热炉

1　对于应该阻止热量散发的烤箱玻璃门来说再好不过。

以及地板上。好在，橱柜里总有一罐香蒜酱备用。

然而，还有比意面酱洒出来更糟糕的事情！阳光照进来，但热量又出不去，这是否让你想起什么？正是：温室效应。我们在这个星球上会经历与儿童房窗户所发生的现象相同的事，只不过媒介是气体，而不是玻璃。窗玻璃的功能被地球上产生的、在大气中聚集的各种气体所取代。二氧化碳就是其中之一，还有甲烷、氮氧化物和水蒸气。虽然这些气体占大气层的比例不到1/100，但它们使地球的热量无法放射到太空，而是被大气层吸收，然后再将这些热量朝地球向四面八方辐射，地球因此变得越来越热。

"温室"地球

还有一种气体也造成温室效应：水蒸气。它制造了大约2/3的自然温室效应，它是恶性循环中的一分子：由于气候变化，海洋和其他水域正在变暖。它们变得越暖和，蒸发的水分就越多，进入大气层的水蒸气也就越多。大气层只能吸收一定量的水蒸气。然而，地球越暖，大气层可以储存的水蒸气就越多。大量的水蒸气反过来愈发阻止热量释放到宇宙中去，于是热量被辐射回地球。气候变暖，更多的水蒸发了。这是一种正反馈循环，一个自我加强的过程，在此过程中，地球像温室一样被持续加热。

因此，园丁们知道，花园里的无害、环保型温室花房必须始终保持良好通风，还应该配备遮阳的卷帘或盖子。几年前，尤迪特的父母亲身经历了不隔热的温室所带来的后果。一位建筑师帮他们在车库屋顶上建了一个温室。这不是一个完整的小型花园温室，而是现代的横梁和玻璃结构，几乎占据了整个车库屋顶，可以通过房子的楼梯进入。原本放在露台上的大型盆栽将在这里过冬：一棵柠檬树、一棵橄榄树和一棵开着浅蓝色花朵的大株石墨花——所有这些植物都来自热带地区，不太喜欢德国的冬天。建温室的初衷是，在温室里，植物会有舒适的温度和充足的光线。

光线方面，想得没错。

然而，温度方面，建筑师完全低估了温室效应的影响。植物直接烧着了，即使是在冬天。仅仅几缕阳光就足以将车库屋顶的空间变成一个死亡地带。这个特殊温室的玻璃墙是倾斜的，为太阳提供了一个特别大的入射区域，加强了温室效应。

第一个冬天过后，尤迪特的父母处理了被烧毁的绿植，购买了新的植物，并在玻璃屋里加装了百叶窗。此后的几年里，温室一直没什么问题。然而，随着时间的推移，另一个问题出现了：如何将沉重的绿植花盆运到车库屋顶上。这里所说的不是我们可以轻松搬上楼梯的花盆，而是像柠檬树花桶这样的可以装 500 千克土壤的黏土桶，估计总重量达到 750 千克。

建筑师计划在这里装一个滑轮。车库的墙上装有一根杆，杆的顶部连接着一个滑轮，滑轮上有一根绳子。尤迪特的父母用滑轮来提升沉重的花桶。她的父亲在下面把花桶固定在绳子上，然后向上拉，她的母亲站在车库的屋顶上，接过花桶。

杆子一定是什么时候松动了。总之，当尤迪特的母亲想接过花桶并在杆子上靠一下时，杆子断裂了，她从车库屋顶上摔了下来。幸运的是，下面除了尤迪特强壮的父亲，还有一辆装土的手推车。母亲正好落入其中，没有受伤。然而，自那天起，再也没有任何花桶被拉到车库屋顶上了。

温室又一次被改造：一些玻璃被绝缘的实心墙所取代。正好房子里还少一间工作室。柠檬树现在在车库里过冬，由一盏植物灯照亮，从早上 8 点到晚上 6 点模拟地中海的阳光。而橄榄树则留在外面的露台上过冬，目前来看，它活了下来——这样看来，气候变暖反倒对它有利。

日常干扰系数　🌧🌧🌧🌧🌧
生活妙招系数　💡💡💡💡💡
潜在灾难系数　💣💣💣💣💣

来自摩天大楼的"死亡光线"

有用又危险的透镜聚光效应

煎蛋噼啪作响，令人胃口大开，蛋清几乎开始凝固，看起来本该很好吃——若不是煎锅放在伦敦市中心一辆汽车的引擎盖上的话。2013 年初夏的那里，伦敦的金融中心，酷热难耐。然而，气候变化不是造成酷热的原因，根源竟是一栋高层建筑。

一般的摩天大楼会令人生厌，因为它们会遮挡附近建筑的光线。而这栋大楼却相反：它把太阳光束折射到地面，使自行车鞍座熔化，记者在汽车上可以煎鸡蛋，一辆捷豹的车漆也熔化了，停车场不得不关闭。

英国媒体称其为"死亡光线"的原因在于这栋位于芬彻奇街 20 号建筑的特殊外形——南面的外墙完全由镜面玻璃组成，并且是凹形的，即向内弯曲。在 2013 年那个年代，这种设计简直是革命性的，因为在此之前还无人能建造这样的弧形外墙。当然，该项目造价也很高，耗资 2 亿英镑。最终，伦敦人拥有了这座 160 米高的塔楼，整栋大楼拥有办公室、餐厅、植物园和观景台。

伦敦人对此并不心怀感激——理由可以理解。第一批"死亡光线"的事故在施工期间就已发生。一家咖啡馆的老板告诉记者："一位客人找到我说：'出事了。'""我走到街上，看到一个椅垫在冒烟。"路人说，他们感觉自己伸出的手被烧伤了。录像显示，温度计在楼前街道上的阴凉处测得的值是 46.5 摄氏度。几缕阳光就足以让高楼大厦产生聚光透镜般的效果。

从物理学角度分析，原因显而易见。建筑南面的镜面玻璃外墙向内弯曲，形成了凹面镜，也必然发挥了凹面镜的作用：这面墙竭尽全力地收集光线并将其投射到一个点上。这个点被称为焦点或燃点——就伦敦这栋摩天大楼而言，这个术语真是再恰当不过。

如果外墙不是弯曲的，就不会发生这种情况。照在正常平面镜的光会以入射角相同的角度反射。因此，反射光和入射光分布相同。这就是大多数摩天大楼即使有镜面外墙也不会把邻近建筑烤热的原因。

弯曲镜面的情况则不同。我们把镜子想象成一个完整的球体，在球体的中心放置一个点光源：球壁正好将光线反射回中心的光源上。

当然，伦敦的这栋摩天大楼的镜面外墙没有像球体弯曲度那么大。但我们可以把凹形外墙想象成一个球形表面的微小部分。这一部分足以使光线聚焦（因此人们称其为球形凹面镜）。

为了理解当一束光射入凹面镜时会发生什么，我们需要逐一了解这些光线。光束照于凹面镜的位置，还未受曲率影响，而是根据我们熟知的"反射角等于入射角"原则被反射。温度变热的原因在于被发射出去的那些射线，因为它们都在一个点上相交，即焦点，在这里，各种射线的能量被聚集在一起——温度继而变高，越来越热……

为了不被反射来的光线伤害，伦敦周边街道的店主们在店铺门前搭起了带有黑网的架子。而这栋大楼本身也必须进行改造：楼的南侧安装了薄板，以防止阳光反射。然而，人们还是只有在建筑内部才会觉得凉爽——毕竟，建筑的外墙是乌拉圭的明星建筑师拉斐尔·维诺利（Rafael Viñoly）专门用镜面玻璃打造的。

伦敦人对此十分不满。2015 年，他们给这座建筑颁发了"痈杯奖"，

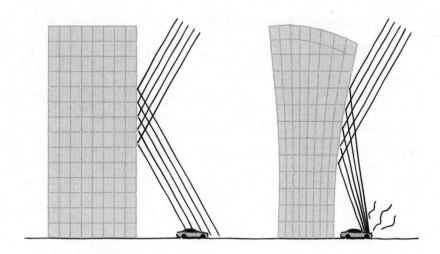

即英国最丑陋的建筑奖（"痈"是一种溃疡，是皮肤上的炎症）。除了死亡光线之外，还有其他一些饱受争议的问题：

- 该建筑矗立在一个本不该建造高楼的地方。

- 上宽下窄，因此获得"对讲机"的绰号。英国《卫报》谴责这种外形是"贪婪的象征"，它只是为了在较高楼层获得更大空间，因为这些空间的租金更高。

- 路人和邻居抱怨说，采光井里发出不寻常的哨声。

- "对讲机"导致狂风，刮倒了商店牌匾和路边小吃车，甚至把人吹倒。这些可能是由下沉气流从高楼向下流动引起的。

同样值得注意的是，建筑师拉斐尔·维诺利不仅在伦敦的弧形外墙上犯了错误。早在 2010 年，他在美国拉斯维加斯就已经建造过具有相似外墙的酒店。在那里，太阳光线被集中引向内院的泳池——只是，这种设计没有巧妙到可以作为池水的天然加热器。相反，光线晒得躺椅发出爆裂声，使塑料拖鞋熔化，度假者不得不躲到阴凉处。更让人吃惊的是，他居然又把"对讲机"设计成凹陷外形。法国哲学家萨特说得对："一个人不应该愚蠢两次；毕竟选择的机会很多。"

为了挽回这位知名建筑师（也打造了很多没有死亡光线的宏伟建筑作品）的荣誉，我们只能说透镜聚光效应一再发生，并不是谁有意为之，这样的效果出现，是意料之外的事。在我们为撰写本书而查询资料时，英国物理学家温迪·萨德勒给我们发来了一张她的化妆镜照片。化妆镜安在窗边，好处在于，这样的位置可以让人在充沛的光照下化妆。照片中清晰可见的是木质窗框上的烧痕。

化妆镜也属于凹面镜。向内弯曲的镜面可以实现放大的效果。300多年前，医生运用这种方法可以更仔细地观察病人的鼻子和咽喉。凹面镜聚焦光线的情况对木质窗框来说显然是不利的。温迪并不是唯一经历此事的人：据柏林《每日镜报》关于透镜聚光效应的文章所写，主编洛伦兹·马洛德（Lorenz Maroldt）的公寓差点儿着火，罪魁祸首也是客厅里的一面镜子。

不得不提的是，"透镜聚光效应"一词实际上是错误的：凹面镜不是聚光透镜。聚光透镜是一种透明玻璃，它像放大镜一样是凸形的，换言之，它是向外弯曲的。当然，凹面镜和凸面镜都可能有危险。制造透镜聚光效果不需要特别完美的透镜。2019年夏天，汉诺威的一栋公寓起火，据猜测，可能是因为阳台上存放了瓶子。根据警方的报告，存放瓶子的位置十分利于收集光线，以此获得的能量直接照射到阳台门后靠里面的几个纸板箱上。因此，警方警告，在干燥的夏季，不要将瓶子留在森林或田野上。

但我们可以通过把光引到弧形玻璃上，来做一个有趣的实验。

实验所需：

- 一副老花镜，最好是药店里的那种廉价眼镜
- 一个光源，例如一盏台灯

方法如下：

- 打开台灯，将光线对准几米外的墙壁或门。
- 手拿老花镜，让光线直接透过花镜照射过去，你会看到镜框在墙上的阴影。
- 将眼镜移近墙壁，再远离墙壁。观察何时可以在墙上看到清晰的灯的映像。

实验原理：

手拿眼镜站在离墙多远的距离取决于显示为屈光度的镜片强度。屈光度是焦距的倒数，单位为米。2 屈光度（2/1）表示焦距为 0.5 米

（1/2）。在这种情况下，平行的入射光在眼镜后面 50 厘米处聚焦，并在那里清晰成像。当光源（如太阳）很远时，效果就会很明显。如果光源在您的房间内，清晰的映像则在焦点稍微靠后的地方形成。尽管没那么精确，我们仍然可以用这种方法来大致确定任意一副老花镜的度数。只要把眼镜和墙上清晰的映像之间的焦距以米为单位计算出倒数，焦距 1 米时，则此眼镜为 1 屈光度。[1]

然而，凹面镜比凸透镜更先进。凸透镜只能聚焦光线，而凹面镜则可以捕捉多种波，例如光、雷达、无线电，甚至声音（这方面尽管并不总是使用球形凹面镜，而是用抛物面镜。从数学角度分析，抛物面镜有完美的外形可以聚焦波，但是生产工艺较为复杂）。很多房屋上的凹形卫星天线捕捉电视信号，并将其引至大碗焦点处的小天线。用于卫星通信的大规模巨型抛物面天线也是如此。

恒星和其他天文观测对象，在专业领域几乎只能用凹面镜进行观测。凸透镜的直径无法达到天文观测的要求。目前，用于天文观测的镜面尺寸已超过 10 米，由六边形的镜面组件构成，还可以进行微调，以补偿大气中的光线偏转。

从理论上讲，伦敦摩天大楼的"死亡光线"也可以通过在这里建一个太阳能发电站来加以利用。太阳能发电厂通过用数面镜子聚集太阳光并将其转换为电能来生产能量。最大的发电厂位于美国的加利福尼亚。表面积为 260 万平方米的镜子将光线投射到三个塔上，塔中产生水蒸气，用于驱动涡轮机。虽然电能产量不到 400 兆瓦，但这已经达到现代核电站产

1　这个实验只能用远视者的眼镜，因为近视者的眼镜有一些带有与凸透镜原理不同的散光透镜。

能的 1/4，而且太阳能发电还在继续发展。迪拜正在建设一个宏伟的太阳能园区，园区将使用光伏和聚光太阳能技术发电，计划产能达到 5000 兆瓦。

　　未来一定属于太阳能发电技术。缺点是占地面积大，而且对鸟类也会造成影响。作为沙漠鸟类，如果爱惜自己的羽毛，最好不要待在太阳能塔附近。

日常干扰系数　🌧🌧🌧🌧🌧

生活妙招系数　💡💡💡💡💡

潜在灾难系数　💣💣💣💣💣

看见？看不见？偏振光下的不同世界

做一只蜜蜂的好处

如果能当一天的动物，你希望自己是哪一种？是能在天空飞翔的鸟？最好是一只雨燕，它们在飞行时都在睡觉——这样就不会浪费宝贵的每分每秒。还是能在水下呼吸的鱼？我们的孩子很想变成一只猫，看看如何能一直躺着而不觉得无聊。而家里的物理学家爸爸呢？他更愿意做一只蜜蜂，不是为了采集花蜜和制作蜂蜜，只是为了可以像一只蜜蜂那样看东西。

是的，只是为了看东西，真是一只懒惰的蜜蜂。蜜蜂可以做一些让物理学家十分嫉妒的事情：因为有复眼，它们可以看到偏振光。即使天空多云，它们也能用复眼来确定太阳的位置，从而确定自己的方向。现在你可能会想，与做一只飞行时都能睡觉的雨燕来说，做一只可以看见偏振光的蜜蜂似乎更有吸引力。的确，偏振光是物理学中最精彩的光学效应之一。没有它，我们的笔记本电脑和闹钟的数字显示都无法正常运转，我们度假照片上的蓝天也不会那么鲜艳了。为了了解其中缘由，我们需要接受一次光浴的洗礼。屏住呼吸，让我们潜入其中吧！

我们从基本问题开始：什么是光？一般来说，光是我们人类可以看到的电磁辐射范围（在之前的章节我们已经看到，还有其他辐射范围，例如，导致窗户破碎和地球大气层升温的辐射）。在物理书中的图片上，光波看起来总是非常均匀有序，像这样：

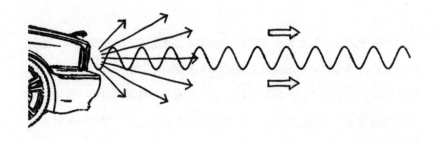

　　图片上，光以直线传播，电场在垂直于传播的方向上下振动。在物理学上，这被称为横波，我们可以把它想象成一根铺在地上的绳子，然后从一端甩出去。然而，在绝大多数情况下，光不仅仅是上下振动，而是同时在各个方向振动：侧向、从底部到顶部的对角线方向等（用绳子也可以看到此效果）。光对振动方向没有偏爱。[1] 大多数阳光就是以这样的方式到达地球，无拘束无类差。使光发生偏振意味着光挑出某个振动方向，并沿着这个方向振动。我们可以根据光的特定振动方向将其进行分类，这样，我们就可以通过佩戴太阳镜来保护眼睛免受强光照射。

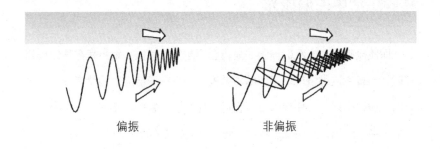

偏振　　　　　　　　　　　　　　　非偏振

1　只有一个振动方向不向光开放：与传播方向平行的方向。光是一种横波，其振动方向垂直于传播方向。否则，它就和空气中传播的声音一样，成了纵波（参见本书"不要让你的指甲划过黑板"一章）。

可以被"驯服"的光

有许多方法可以使光发生偏振，最简单的就是使用偏振滤光片。我们可以把这种特殊的膜片想象成由垂直板条组成的花园围栏。一只狗在围栏里来回跑，你想扔给它一根棍子玩。如果你把棍子横向或斜向扔向围栏，棍子会被弹开。只有把棍子正好以与围栏垂直的角度扔过围栏板条时，它才会落在花园里（这样狗不用费力就可以叼住它）。这就是偏振滤光片的原理。这些特殊塑料膜片中的细长分子只让偏振方向的光通过。

有些太阳镜也会用这种膜片。加上这种膜片后，镜片只允许偏振方向与眼镜本身相同的光通过。反之，在其他方向振动的光波会被卡住或弹出去。这样一来，很大一部分光无法透过镜片，眼镜后的眼睛看到的东西要比不戴眼镜时暗得多。我们强烈建议购买这种眼镜，因为这样你就能不断地体验到光的世界里那些不为人知的微小或宏大的效果（也可以在互联网上购买便宜的小滤光片）。

体验生活中的偏振光

即使没有膜片，我们周围的光也会不断发生偏振，每当光在某处被弹开时就会发生这种情况。家里的木地板（至少在清洁之后的状态下）在这方面就做得很好。层压板或瓷砖也可以使光发生偏振。阳光照在地板上，在那里被反射出去，在此过程中，光几乎会失去振动方向。

让我们来看看接近木地板的光束。肆意振动的光波击中木地板中的电子，也使电子以相同的方向跟着振动。电子就像小型天线一样，接收光并将其反射出去。物理学家称其原理与赫兹偶极子天线相同。可以说，地板上全是小发射器。这些发射器接收到光再次将其反射出去。

偶极子的特殊之处在于，它们不能将光向任意方向反射，只能横向辐射。与地面平行方向振动的光波完全没有这方面问题：它们以平角辐射到地板中的偶极子，光完全被反射出去（见下图）。

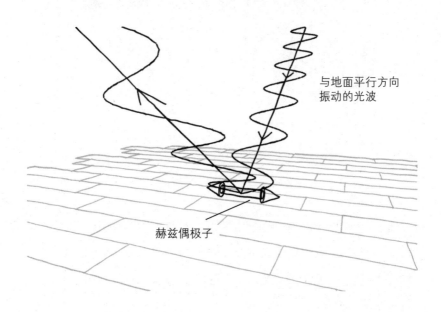

与地面平行方向振动的光波

赫兹偶极子

下页图中以垂直方向振动的光束就很难被反射：它们照到地板上的方向便于偶极子将光完全引到地板上。地板将光吞没，光也失去了这个振动方向。因此，从木地板上反射的光只在一个方向上振动，即与地板平行的方向。光就这样发生了偏振。

在自然界中，水或冰面也像上述木地板一样。它们会反射光线——如果滑雪者鼻子上架着偏光太阳镜，那就会很危险，因为这里涉及的是双重偏振的问题。想象一下，你站在滑雪板上正在向一个结冰的地方滑去。通常反光的地方就表示那里结冰了，正如木地板的例子，反射光发生了偏

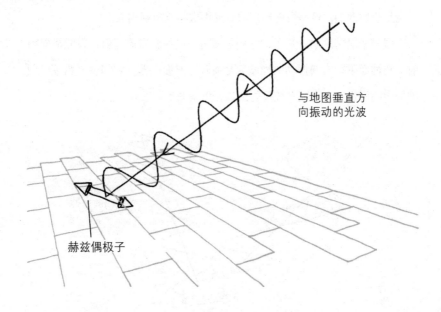

与地图垂直方向振动的光波

赫兹偶极子

振。然而，偏光太阳镜将明亮的反射光过滤掉，滑雪者的骨头可就遭殃了。因为滑雪者可能太晚或根本没有意识到前面的弯道结冰，而且很滑。哎哟，想想就疼。就算可以利用偏振光来定位的蜜蜂也可能有此种遭遇，好在它们很少滑雪。

利用偏振滤镜拍摄出更蓝的天空

如果因戴偏光眼镜不小心在滑雪中腿骨折了，那就专心拍摄白雪皑皑中的蓝天吧。偏振会加强摄影效果。我们接收到的大部分阳光都是非偏振化的——但有一小部分则不同。因为大气层中还有电子，电偶极子会使光发生偏振。太阳所处的不同位置决定了偶极子在天空的不同区域会按照一定顺序排列，使得只朝某个方向振动的光才能被地球上的我们接收到。例

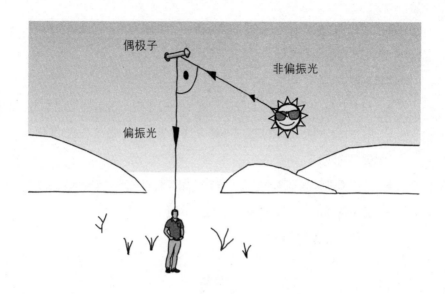

偶极子

非偏振光

偏振光

如，下午，当太阳位置很低时就会发生这种情况。此时，太阳、偶极子和我们的视线正好形成一个直角。如此一来，相机就可以捕捉到大量偏振光。

尽管如此，这种光仍然没有 100% 的偏振。毕竟，有大量散射光从四面八方射入。因此，摄影师喜欢在相机上插入一个垂直于偏振方向的滤镜（与太阳镜情况相同）。滤镜完全可以分离出某个振动方向上的光。照片色调会变得有些暗。因此，天空的蓝色饱和度更高，而云层则散发出白色，因为云不受偏振影响。

书房中的光影游戏

很可惜，一年中我们大部分时间都不是在度假。因此，这里将展示的是几个可以在书房利用偏振光进行的趣味游戏。在必要时，我们可以用这些有趣的游戏来缓解工作的压力。实验之后，你就会知道，为什么没有偏振光，笔记本电脑和闹钟根本无法正常运转了。

实验需要：

- 一个开启的 TFT 或 LCD 显示屏（一般来说，正常的笔记本电脑、台式机电脑或电视屏幕都有这种显示屏，等离子或 OLED 屏幕除外）
- 一部关机状态的移动电话（或其他如镜面般光滑、黑暗的表面）
- 透明胶带——其他类型的透明胶带亦可
- 最后，玻璃纸薄膜

方法如下：

将笔记本电脑或台式机电脑打开，确保屏幕上有一个白色的、空的表面——如 Word 空文档。用胶带在屏幕中间贴出一个十字形或星形。在我们的实验中，使用的是容易清除而不留下任何残留物的胶带。如果想确保屏幕上不会留下胶带残留物，可以在屏幕上缠上保鲜膜，把胶带贴在上面。

现在，把关机的手机在电脑屏幕边上用手拿着，绕着屏幕移动一圈，持续观察显示屏上十字形胶带的镜像。注意到了吗？你会看到十字形胶带发生变化。有时屏幕很暗，而十字形胶带很亮，有时则相反。也许你还可以在胶带上看出颜色。

取一块皱巴巴的玻璃纸膜，放在笔记本电脑前，这样就可以看到它在光滑手机表面上的镜像。将玻璃纸膜来回转动一下，就可以在手机镜像中看到纸膜上突然出现的鲜艳色彩。太迷人了，不是吗？

手机屏幕为什么忽亮忽暗

屏幕是真正的偏振艺术家。它们发出的光是 100% 的偏振光。所有显示数字或字母的设备都是如此——数字闹钟、笔记本电脑、收音机显示屏或空调温控显示屏。所有这些家电中都内置了液晶显示器。有了它们，就能用电控制偏振方向的扭转。这些显示器由两个偏振光片组成，它们之间是一层液晶。当施加电压时，偏振光片会扭转光的偏振方向。

显示器被分为几段，从而可以被精确控制。在有电压的地方，光就会透过来，显示屏上就会显示出信息，而其他地方则显示灰色。在简易计算器中，7 个不同的分段足以显示所有 10 位数字。在高分辨率的屏幕中，有数百万个微小的液晶段，使每个像素都可以单独控制。另外，每个单独的像素由三个相邻的颜色区域组成。

实验中的屏幕会发出 100% 的偏振光。现在，一部分偏振光通过胶带到达手机上，通过倾斜或者移动手机，迟早会找到那个完美的、神奇的被称为布鲁斯特的角度。这个角度以其发现者——苏格兰人大卫·布鲁斯特（David Brewster）[1] 的名字命名，在这个角度下，光是真正意义上的完全偏振光。如果所捕捉的方向不是笔记本电脑辐射的方向，反射光会显得很暗。如果换一个位置手持手机，那么就会出现正常的镜像，因为正好有正确的偏振方向在手机上通过。

偏振光下的五彩缤纷

有一些材料可以扭转光的偏振方向，例如屏幕中内置的液晶，还有糖和乳酸（我们称之为右旋乳酸和左旋乳酸），以及透明胶带和玻璃纸膜这样的塑料。在非偏振光下，看不到缤纷的色彩（这一点令人感到遗憾，因为偏振光下的透明胶带总是闪闪发光），但如果我们把玻璃纸膜放在两个偏光过滤器之间就可以看到了。纸膜就像一个开关。第一个过滤器（屏幕）后面的光被玻璃纸膜扭转过来，刚好能通过第二个过滤器（手机）。如果把纸膜夹在过滤器之间，光就会变得可见。如果把它抽出来，它就会发暗。然而，玻璃纸膜并不能完全扭转所有颜色的偏振方向。因此，纸膜的颜色会突然变得清晰可见，尽管它实际上是完全透明的。

蝴蝶的伎俩

如果有可能做一天的动物，除了蜜蜂之外，还可以考虑做一只单飞的蝴蝶，例如，蓝色西番莲蝴蝶。这种蝴蝶生活在拉丁美洲的热带雨林中，

---

1 镜子与反射领域专家，发明了万花筒并取得发明专利。

那里很少有阳光直接照射到茂密的树叶上。蓝色西番莲蝴蝶能利用偏振光做非常酷的把戏：用偏振光来吸引异性前来交配。雌性蝴蝶的翅膀上有反射偏振光的斑点，这使得雄性动物更容易找到它。这一生物特点特别巧妙，因为喜欢吃蝴蝶的鸟类看不到偏振光，交配信号实际上只有发情的雄性蝴蝶会接收到，而捕食者接收不到。这一点很好——我们可不想在作为动物的一天里那么快就被吃掉。

日常干扰系数　🌧🌧🌧🌧🌧

生活妙招系数　💡💡💡💡💡

潜在灾难系数　💣💣💣💣💣

小心被电

火车上的小意外引发的思考

我儿子第一次单独坐火车去长途旅行，完全没有父母和兄弟姐妹的陪伴。当时他 11 岁，乘车横贯德国，去看望他搬到贝斯科（Beeskow）的好朋友。贝斯科位于勃兰登堡州，离鲁尔区相距甚远。在冒险之旅开始之前，我们讨论了可能出现的危险以及他应该如何应对这些危险：

- 列车延误：保持冷静并等待。
- 火车因故停在轨道上：保持冷静并等待。
- 厕所关闭：保持冷静，但不要等待，而是就近去找其他免费厕所。

我们心情愉快地在车站告别，并告诉他不要将手机静音，发生意外情况时，务必给我们打电话。在离开车站后不久，我们还收到了他的短信：

"一切都好：有无线网！☺"

但两个小时过后我们又接到了电话。危机发生了，并且让儿子措手不及。我们想到了德国铁路公司各种可能发生的故障——却没有想过火车上的头枕会有什么情况发生。电话里传来"我的头发粘住了"，"它们噼里啪啦直起静电"。唷！多大点事儿，我们如释重负地想（第一次放手让孩子去外面的世界体验时，父母也跟着紧张）。但儿子继续说："最糟糕的是，如果我碰到门，就会有被电击的感觉。"

谁能想到，在 5 个小时的火车旅程中，最令人烦心的不是列车延误和满员，而是物理现象！更准确地说是静电荷现象。它导致头发粘在头枕上，当我们走过地毯，然后触摸门把手时，就会受到电击。静电荷是一系列不断升级的电现象的开始，这些现象给我们的生活带来诸多麻烦。电击、火花、闪电：它们真的会是一种困扰，同时也带有高危险性。当然，电是非常有用的，没有人会愿意过没有电的日子。

要准确理解电是什么并不容易。电压、安培数、功率——仅这些术语就令人头疼。那就让我们从恼人的头枕和带电的头发开始吧。所有物质（人或物体）都带有电荷，电荷有正有负。但我们不会注意到这一点，因为通常情况下，正负电荷的影响会相互抵消而达到中和。中和并不意味着没有电荷，而是正负电荷等量存在——就像一个外在平衡状态的天平。想象一下：一个古老商人的天平，有两个托盘，里面放着砝码。两个托盘里不管是什么都没有，还是各有 5 千克重的东西，只要两个托盘里有相同的重量，天平就处于平衡状态。

只有带电粒子进入或者离开时，我们身体内的电荷才会产生干扰，平衡随之被打破，而这种现象会一直发生。带负电的粒子，即电子，在我们身体内上下移动，原因是：一切物质都由原子组成。原子有一个带正电的原子核，若干带负电的电子围绕在其周围。电子的负电荷与原子核的正电荷相互抵消（这让我们想到上面提到的天平）。

但电子比原子核的移动性要大得多。当我们的头发与城际特快列车上的头枕发生摩擦时，电子由头发转移到头枕上。头发上的电子变少，而头枕上的电子变多。因此，两者现在都带电荷：头枕带负电，因为它获得了更多带负电的电子；我们的头发带正电，因为它将电子释放了出去，而带正电的原子核现在几乎占了上风。

为了给物体充电，必须把电荷转移到物体上或从物体上移走电荷。这是一个物理原理，在本章后面涉及雷电这种高电压时，这个重要的原理会再次出现。电荷从来不会，真的从来不会被"生产"出来或以某种神奇的方式创造出来。它一直都在，只是总是被重新分配而已（从一个物体转移到另一个物体）。

摩擦是传递电荷的一种简单方式。早在大约公元前600年，古希腊米利都的泰勒斯（Thales）就发现，琥珀与羊毛摩擦后会吸引其他小东西。我们可以自己做这个实验，比如说，从祖母那借来琥珀项链，把它放在毛衣上摩擦。之后，琥珀会吸引纸屑或干香料。希腊语中的"琥珀"一词是Elektron（电子），因此在"电流（Elektrizität）"这个词中出现"Elektr"不无道理。有些人也称之为摩擦电。这并不完全正确，因为实际上只要接触就足以使电荷从一个物体转移到另一个物体。摩擦只不过是一种非常强烈的接触而已。

在一天中，我们通过无数次的接触获得或释放电子，例如走路时，从椅子边缘滑下或用布擦拭桌子时。这无法避免，也不会有人为此感到困扰。因为就像电子不知不觉移动到我们身体上一样，当我们接触物体时，它们也会悄悄地再次释放。

当我们把自己隔绝得很好，以至于我们所吸收的电荷无法释放时，事情才会变得令人心烦。例如，穿橡胶底训练鞋的时候，当我们穿着它走过地毯时，会吸收到带负电的电子。我们无法将其释放到地板上，因为橡胶不导电。我们不接触地，所以电荷留在身上，等待放电机会。只要我们接触到一个良好的导体材料，它就会抓住机会，进行静电放电：触摸门把手——被电击；触摸车门——迸出一个小火花。

意想不到的是，与此同时还会产生高电压。当静电电压大于3500伏时人体就可以感觉到，但在恶劣条件下会出现更高的电压。在干燥的空气中尤其如此，许多办公室都是这样的情况。

门把手上的小电击对人类没有危险。它们只是令人心烦而已。但想象一下，我们正在用一些小电子元件修理一部手机。如果不巧，一个电火花落到一个电子元件上，那么这个最多只能让我们的手指抽动一下的能量，却可能会使计算机芯片的超小导体轨道永远烧毁。

或者给汽车加油的时候，你下了车，伸手去拿喷头，也许会有触电的感觉。没关系，这就像触摸门把手一样，喷头是接地的，你也是。在等待油箱加满期间，你上车去坐一会儿，然后再次下车，在此过程中你的衣服不免再次与车座发生摩擦。你拿起加油枪，又一次好似触电，火直接在你眼前着起来，因为气雾被火花点燃了。幸运的是，你反应够快，逃离了火焰。像这样的事故经常被监控摄像头记录下来，虽然很少，但真的会发生。

以下是几个针对静电起电的贴士：

1. 故意放电。如果你频繁触摸暖气片或其他导电物体，每次触摸会释放出少量电荷，电荷不再聚积。当你再去触摸门把手时，不再有触电感（或者至少你事先知道，做好了心理准备）。不过，如果你总是去触摸暖气片以确定身上的电荷是否已释放出去，同事们可能会觉得有点儿奇怪。

2. 通风。如果空气湿度低于20%，人可以被充电到2万伏以上。这是相当大的充电量（即使如上文所说，小的电击无害）。如果空气湿度超过65%，充电量可能会下降到1500伏以下。这主要是因为在高湿度下，所有的表面都有湿气层，可以将电荷导出。

3. 购买有金属线的地毯。真的有这种地毯。一些制造商会生产这种专门防电击的地毯。但我们不知道谁家里用这样的地毯。

4. 防静电钥匙扣。网上可以买到任何东西，包括防静电钥匙扣。它们看起来像小电筒，只是前面没有灯，而是一个金属触点。在触摸门把手之前，先将把它碰一下门把手上。在钥匙扣特别设计的窥视孔中有一个小火花，然后就可以放心将门打开了。

5. 特殊工具。不买防静电钥匙扣，直接拿一把钥匙。钥匙的尖端与防静电钥匙扣的金属触点功能完全相同，使电荷以一种可控的方式从你身上传导到门把手上。

然而，当静电起电在一个电视节目的大型实验中真的妨碍我们的时候，所有这些办法我们都没有使用。我们耗时几个月为"只要问老鼠（Frag doch mal die Maus）"节目打造了一张 3 米长的桌子，上面有一个像超市收银台传送带那样的 3 米长的纸带不停地运转。实验目的是确认一支铅笔到底能写多少米线条。

节目录制的准备工作已经完成，马库斯只想赶快去吃点儿东西，刚把叉子塞进嘴里，手机就响了。同事尼尔斯在电话里说：实验没有成功。我们赶紧寻找问题所在，发现纸带粘在桌子上，寸步不动。很明显，是静电起电在作祟：纸带和桌子相互摩擦，于是一边产生大量的负电荷，另一边产生大量正电荷，两者相互吸引导致纸带不动。我们不得不想办法在纸和桌子之间设置一个保护层。

我们小心翼翼地把纸拿开，用手擦了擦桌子（事后我们意识到，当时如果马上就触摸门把手要格外小心，所幸没事）。然后用绝缘胶带将桌子完全贴上。正如我们在各种电视里看到的那样，这种胶带可以用来修复任

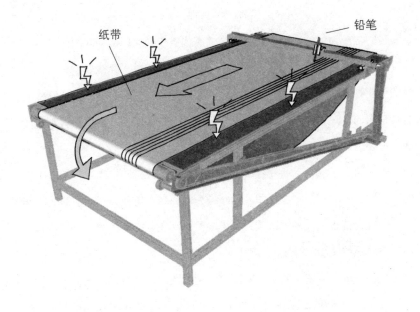

纸带　　　　　　　　　　　　　　　　铅笔

何还没有扔掉的东西。胶带具有粗糙的表面，产生的摩擦较少。还差几分钟就要录制节目的时候，纸带又正常运转了。

　　为什么之前在构建实验和排练过程中从未发生过这种情况？具体情况我们不甚了解，但有两个猜测。首先，演播室里的空气比我们仓库里的空气要干燥得多；其次，桌子旁边有一面树脂玻璃墙（毕竟当时新冠肆虐，设置玻璃墙是为了避免感染）。玻璃墙覆盖了一层薄膜以免划伤。在节目录制前不久，薄膜被剥掉了。剥离薄膜的过程中产生了很强的接触静电，我们甚至可以听到噼噼啪啪的声音。演播室里可能因此而有了大量静电，而这些静电一拥而上地落在了装有纸带的桌子上。用绝缘胶带遮盖后，纸和桌子之间的摩擦力明显减少，实验效果绝佳（现在我们得出了实验结论，用一支铅笔可以画出超过 14 千米的线条）。

可以为我所用的静电

我们志在为每一个给生活带来麻烦的现象找到它积极一面的例子——有用或（最好）有趣的例子。说实话，我们曾怀疑过，寻找静电起电的积极例子能否成功。静电干扰似乎无处不在。但也有一些时刻，即使是静电也是有用的。没有静电，很多激光打印机就无法工作——正是这些东西使我们不必用铅笔写相当于 14 千米距离的字。

先来简单了解一下激光打印机的工作原理：在打印机内部，硒鼓（成像鼓）通过转动在纸张上打印。硒鼓被充电而带上电荷，然后在激光的作用下曝光，被激光曝光的区域去掉了电荷，而在需要上墨的地方还留有电荷。然后硒鼓转动，经过同样有电荷的墨粉。墨粉只黏附在带有电荷的区域，现在硒鼓上形成了我们想要打印的精准图像。硒鼓在一张纸上旋转而过，并将墨粉留在纸上，文件就打印出来了。为了防止涂抹，接下来用辊子通过加压加热将墨粉固定——这就是纸张从激光打印机出来的时候总是有点儿发热的原因。有一次，我们办公室里的打印机在最后一步发生故障。它虽然还可以打印，但用手就可以把墨粉抹掉。

除了打印，静电在清洁方面也非常有用。这里说的不是家里的浴室，而是大型工业设备，例如，用来过滤空气中灰尘或烟尘的电子过滤器。它的工作原理简单概括是这样的：带电的导线将电子喷入要清洗的气体中，电子遇到气体中的灰尘，会使灰尘带上电荷。带电的尘埃粒子迅速来到另一个带正电的电极，并在那里聚积。这时只需关掉电源，把灰尘拍掉。

危险的交流电

　　静电起电虽令人心烦，却不会造成太大的损害，至少不会对我们的身体造成损害。从插座里出来的电则不同，这种电是真的很危险。你可能在很小的时候就被警告过：不要让吹风机掉进浴缸里！不要触碰非绝缘电缆！不要把叉子插进插座里！这些警告绝对是有根据的。但为什么呢？如果我们可以经受在干燥的空气中走过地毯时产生的高达 20000 伏的电压，那么插座上的 220 伏电压有什么好怕的呢？

　　吹风机掉进浴缸是件糟糕的事，最重要的原因是：吹风机是在交流电下运转的。我们都知道，托马斯·爱迪生在 19 世纪末发明了电灯泡。爱迪生希望白炽灯在直流电下发挥作用，即电路中的电流像在单行道上一样朝一个方向流动。他还想用直流电专利和只计算直流电的电表赚更多的钱。然而，爱迪生遇到了一个棘手的问题：在长距离上直流电会损失大量电能。在不断发展的电力市场中，他本想利用这个问题为自己谋利，从一些必不可少的发电站中赚取额外的利润。然而，随着时间的推移，他彻底输给了交流电派的竞争对手——发明家和企业家乔治·威斯汀豪斯（George Westinghouse）与天才物理学家尼古拉·特斯拉（NikolaTesla）。他们支持流动方向每秒钟改变 50 ~ 60 次的交流电。交流电的优点是可以轻松升至高电压，并再次降压。与直流电相比，它的损耗要小得多，可以运输数百千米。其缺点是，当它穿过生物体时，对生物的危害较大。尽管有此缺点，威斯汀豪斯和特斯拉的专利销售范围仍然越来越广。

　　爱迪生通过在公共场合展示触电动物伤亡来发起一场反对交流电的死亡主题运动，在悲伤的高潮中，他委托一名员工为美国政府打造一把电椅，以展示交流电的致命性。

但这并没有什么用，交流电已经占了上风，它可以通过变压器或者直接为我们家里的所有电器供电，包括吹风机。

但是，是什么使交流电如此危险？在我们的身体里会不断产生微弱的电流。刺激心脏跳动的就是这种电流。然而，在每个心跳周期中都有一个阶段，在此期间，心脏对干扰特别敏感，被称为心脏脆弱时段。如果我们在这个时候被电击，就会发生危及生命的心室颤动。交流电的电脉冲每秒钟来回流动 50 次——而且电流脉冲恰好在脆弱阶段击中我们的危险性比直流电高得多。当然，如果脉冲恰好在正确的时刻以正确的力量出现，那么心脏的这种脆弱性就是有利的。通过这种方式，心脏起搏器每天都在拯救生命。

我们不要把吹风机扔进浴缸的另一个原因是：水的导电性比我们想象的要差。

据称，吹风机落水之所以如此危险，是因为水会导电。父母以前都是这么跟我们解释的。这没有错，但也不完全正确。正确的解释是：浴缸里的吹风机之所以危险，是因为人体的导电性比水好。自来水虽然具有导电性，但它不是最好的导体。例如，铜的导电性是水的 10 亿倍。人体的导电性也比水强，因为人体内不仅有水，还有很多盐。所以我们的导电性比洗澡水要好——除非我们在水里撒了浴盐或在里面小便（当然，没有人这样做）。如果吹风机落入水中，电流在我们体内比在水中更容易传播。由于我们整个身体都躺在洗澡水里，电流的接触面非常非常大，这种效果就更强。

致命的闪电

雷击比插座上的电更危险。雷雨云与地球之间的电压高达几千万伏。闪电中的电流可达几十万安培——不会有人希望被击中的。尽管如此，雷击事间还是时有发生，目前尚不清楚德国有多少人遭遇过雷击。据估计，每年有 100 ~ 250 起雷击事故，但其中只有 5 ~ 7 人死亡。

所以闪电并没有我们想象的那么危险吗？并非如此。但人类自身的一系列特点使其不会像奶牛等那么容易成为受害者。

首先，闪电释放电流的时间极其短暂，但很猛烈。当它击中我们时，趋肤效应会对我们有利：电流沿着我们的身体外部运行，但不会向内渗透（"skin"在英语中是指"皮肤"，此处的皮肤与人类皮肤无关。趋肤效应适用于所有导电体。像闪电这种高频或短脉冲的电流，在外部流动，仅少量会进入身体内部）。

其次，闪电通常不会直接击中我们，我们也不会因此而携带全部电荷。人如果被直接击中极有可能丧命。如果人自身处于某地最高点，则容易被闪电击中。因为那是闪电最喜欢放电的地方。我们曾经想在假期中去滩涂徒步旅行。当时下着小雨，很多人都带着伞。看起来一场暴风雨要来了。滩涂导游立即回去了——因为几乎没有比在雷雨天拿着雨伞当避雷针直立在滩涂上更愚蠢的事了。在树下躲避也不可取。"寻找山毛榉，躲避橡树"这种奇怪的乡村谚语，完全是无稽之谈。恰恰相反，在雷雨天气，我们应该始终远离树木。如果雷电击中树木，树木虽然会因此携带上大部分电荷，但火花放电可以将部分电荷转移到人身上，这非常危险，甚至是致命的。即使鞋子是橡胶底也无济于事。它们虽然能起到一定的绝缘作用，但雷击如此强烈，以至于能直接穿过鞋底。所以这个时候最好躲到房子里或是车里。

如果没有这些可能性，只能待在外面，那么就蹲下，双脚尽可能并拢。记住：不要躺下！这很危险。想象一下，闪电击中一片空地，假设这是一片刚割过草的完美旷野，在这里，电流会以各个方向向外流动。如果在电流由闪电向外流动的地方双脚并拢蹲下，电流就不愿意从人身上穿过了。虽然人是个不错的电导体，但绕道穿过人体可能比近距离穿过地面遇到的电阻更高。

当然，如果你张开双腿，或者做俯卧撑，情况则不同，这么做相当愚蠢。这时候，从人体穿过对电流来说是捷径，电流流经身体的过程肯定会对人的心脏十分危险。因此，双脚间距越短，危险事件发生的概率就越小。而这也是奶牛经常遭受雷击伤害的原因。闪电虽没有直接击中奶牛，但奶牛因为根本无法把脚靠得足够近，所以没法将跨步电压降到最小。

闪电从何而来

闪电形成的原因是非常具有吸引力的物理问题。通过个案我们还是没法弄清确切的形成过程。简而言之，闪电的形成是因为大自然不喜欢不平衡。在雷雨云中，小冰粒与大一点儿的软雹或冰雹发生碰撞。轻的冰晶想往上走，重的冰雹则往下走。在它们的碰撞中，电子从冰晶转移到冰雹。因此，云层上端获得正电荷，下端获得负电荷。

如前所述：大自然不喜欢不平衡。它想平衡电荷的反差。在此，一个听起来像疾病名称的物理原理开始发挥作用：感应（译者注：德语中这个词与流行性感冒 Influenza 相差一个字母）。这是一种远距离电效应。云层下端的负电荷与地球表面上的电子相互排斥。地球表面上的电子离开相关区域，正电荷被留下，也就是地球表面感应出一个正电荷电场。云层下端带负电的部分和有正电荷的地球表面之间就形成了一个闪电通道——闪电就这样形成了：闪电以巨大的电流强度和约 30000 摄氏度的高温放电。

被这种自然之力直接击中的人往往会被抛到空中数米。鞋底会断裂，衣服被撕破。项链或皮带扣会熔化或汽化。这还不够可怕，我们偶尔会在幸存的雷击受害者的皮肤上看到利希滕贝格闪电图。这种树状图案在雷击后的高尔夫球场、皮手套和步道石板上也可以看到。幸运的是，一段时间后图案会消退。

有史以来最戏剧性的雷雨灾难之一大概就是"兴登堡"号飞艇的坠毁。齐柏林飞艇及其"兴登堡"号姊妹艇是人类历史上两艘最大的飞艇。1937 年 5 月 3 日，载有 97 人的"兴登堡"号从美因河畔的法兰克福向纽约附近的莱克赫斯特飘去。旅程持续将近 3 天，就在飞艇终于到达目的地上空准备降落时，纽约上空一场雷阵雨开始了。"兴登堡"号艇长推迟了着陆时间，将飞艇调头，让雷雨过去。飞艇成功躲过了雷雨，但当"兴登堡"号在着陆桅杆上方约 60 米处投下降落绳以便固定时，遭受了某种物理的猛烈打击，发生了意外。在降落绳接触到地面的那一刻，氢气与空气的混合气体在飞艇上端的一个小裂缝处被引着，内部填充的氢气燃起熊熊大火，继而发生爆炸。

究竟是什么引发了火灾，人们对此有很多猜测，甚至制作了一部电影（是人为袭击吗？）。"兴登堡"号在飞越大西洋上空时经过了积雨云，飞艇上携带上大量的静电，这是符合物理学逻辑并极有可能是造成飞艇爆炸的原因。当被雨水淋湿的降落绳接触到地面时，绳子就起到了接地线的作用，飞艇的金属架因接地而充电。

因此，"兴登堡"号发生的事故，可能正是我们穿橡胶底鞋走过地毯然后触摸门把手时所经历的。现在，我们不再想抱怨此事了，是吧？

日常干扰系数　🌧🌧🌧🌧🌧
生活妙招系数　💡💡💡💡💡
潜在灾难系数　💣💣💣💣💣

不要让你的指甲划过黑板

让人起鸡皮疙瘩的噪声

有些噪声让人听了之后头发都能竖起来，比如：粉笔在黑板上吱吱作响，泡沫塑料相互摩擦，叉子划过盘子——也许你也会因为其中一种声音而起鸡皮疙瘩，因为大多数人都会如此。

我们的身体实际上有些反应过度了——毕竟，当粉笔在黑板上发出吱吱声时，我们毫发无伤。但我们的大脑并不知道这一点。大脑的边缘系统以及杏仁核将 2000 ～ 5000 赫兹之间的高音识别为危险。我们家族的一个姐妹可能会因为攻击者走近而恐惧地尖叫，而同样情况下，我们宁愿竖起汗毛，这样在敌人面前看起来会更有气势。当然，这样并不会奏效，因为鸡皮疙瘩不会让我们看起来令人畏惧，反而有点儿像懦夫。但在过去，当我们还有更多的体毛时，竖起汗毛无疑是更有威慑力的。

鸡皮疙瘩系数最高的、你最不喜欢的噪声是什么？每个人的感受都不同。有些人讨厌气球互相摩擦发出的声音，而另一些人听到这种声音会很冷静。这可能与我们对噪声的糟糕经历有关。我们的调查结果是：排在引发鸡皮疙瘩清单首位的，是粉笔在黑板上吱吱作响（这说明我们有怎样的上学经历呢？）。

这种噪声本是可以轻松避免的，因为它只是由手握粉笔的角度不佳造成的。粉笔因而无法再在黑板上平稳地滑动，而是不断地短暂停顿，稍微拐弯，再次滑动。

这种现象被称为"黏滑效应"。每当粉笔卡住，它就会弯曲、放松并再次开始滑动。我们听到的滑动是一种刺耳或吱吱作响的声音。这种卡住的动作和再次滑动我们无法看到，它发生得太快了。但相信我们，亲爱的老师们，只要以合适的角度手拿粉笔，就不会发出令人心烦的声音。或者倡导学校使用智能黑板和平板电脑，这是造福学生的好事。

还有一种让人心烦的噪声折磨着我们，至少尤迪特听到这种噪声就想跳车，那就是当车窗只摇下一点儿缝隙时，会发出沉闷的嗡嗡声。你知道那种声音吧？那种嗡嗡作响的声波穿过汽车，压在耳朵上："嗡嗡嗡嗡"——令人难以忍受。通常情况下，当你启动汽车，将车窗摇下一个缝隙，然后逐渐加速，就会听到嗡嗡的声音。那令人讨厌的嗡嗡声从何而来呢？如何才能避免呢？

现在，让我们把目光从汽车转移到自己的家，在更大的空间比例下分析这个问题。你坐在客厅里，窗户斜开着，外面有一辆大卡车开过。客厅里传来可怕的咔咔声，突然从四处传来的声音直接使橱柜里的杯子叮当作响。杯子发出叮当声不是因为整个房子在摇晃（卡车无法让房子晃动），但卡车和所有汽车一样有强大的发动机，发动机内总是会有火花塞放电引燃而产生的"小爆炸"。在此过程所产生的气体会膨胀并通过排气管冲向外部。这种膨胀的频率因卡车行驶速度的不同而不同，特别是当重型卡车在居民区启动和加速时，它们的振动频率会覆盖整个频率范围。

当窗户打开时（或只是斜开）会发生以下情况：声波穿透窗户，在房间里漫不经心地振动，并聚集在墙上。在这里，它们产生了超压，超压放空后，大量气体产生回旋，通过窗户震荡出去。现在，房间里缺少空气——于是产生了负压。新的空气立刻流进来。这种空气流换一次又一次地发生，于是橱柜里的杯子在这种节拍下跟着跳舞。客厅里形成了一个驻波场。

当我们半开着车窗行驶时，房子里发生的情况同样会发生在车里：在某一时刻，空气快速流入汽车，波长正好与汽车固有频率相符。半开着的窗户符合竖笛空气柱振动的原理。可以说，我们的汽车在演奏长笛。现在，我们可能会开始争论汽车吹长笛与初学者在课堂上吹塑料竖笛发出吱吱声哪个更糟糕。然而，我们更愿意去试一试能否将干扰效应为我所用。

听不清了怎么办

如果汽车可以成为一种乐器，那么我们也可以用其他居家物品作为放大器。这将对我们有很大帮助，因为现在我们遇到一个麻烦。在厨房的窗台上有一台老式收音机，多年来，它一直在我们洗碗的时候帮我们打发时间。但现在它时日不多了，因为有两件事发生了变化。

首先，我们有一只猫，它喜欢从厨房的窗户出出进进。因此，我们就得把收音机从窗台那儿拿开。如果不这样做，猫就会撞到它，把它推到水槽里（有时猫会故意这么做）。因此，家里总有人从窗台上取下收音机，同时，会不小心拽掉插头。所有的电台都会信号中断——这让我们下次洗碗的时候倍感心烦，因为，当我们满手泡沫无法重新调台的时候，才会注意到上一次因为插头不小心被拽掉，所有调好的电台都消失了。

其次，现在很多人沉迷于播客，它们不是来自收音机，而是来自手机扬声器。听播客有点儿像在咖啡馆里偷听隔壁桌的谈话，有时很刺激，有时很有趣，播客节目时间几乎总是非常长。我们最喜欢的播客最长一集持续了 7 小时 39 分，对于这种时长的节目，如果因为洗碗、吸尘或开车而无法听清每个字，也无所谓。

但后来我们听到一个商业播客，内容涉及恒温器以及如何利用恒温器致富——这绝对是一个小众话题，因此很吸引人。与商业主题相称的是，这位嘉宾主持话音平静、铿锵有力，没有太多的抑扬顿挫。但恰恰是这一点对于驾驶行车中的我们来说是个困扰。我们一个字也听不清，因为我们装车载收音机的年代还没有发明蓝牙耳机。我们快速讨论了一下面临的几个选择：买一辆新车（太贵）；把车停靠在边道，听完播客（时间太长）；或者赶紧装一个音效更好的扬声器。

自制扬声器

从物理学角度看，扬声器的主要功能是将电子信号转化为声音信号，即转化为空气的振动。这对于跟手机扬声器一样小的扬声器来说并不容易。想象一下，空气是一个巨大的果冻，手机扬声器中的振膜是一支锋利的铅笔。现在，要用铅笔尖敲击这个巨大的果冻，使它抖动起来。这样并不会使果冻抖动得很厉害，它最多只会稍微动一下。如果用铅笔另一端的厚橡皮轻推，会比较容易。或者用更大的东西，例如马铃薯压泥器。

因此，质量好、功能强的扬声器通常具有大振膜。振膜越大，就越容易将巨大能量转移到大量的空气中，使空气振动得更强烈，扬声器的轰鸣声就越大。

现在，车里没有可以与手机连接的大振膜，所以暂时只有一个办法：我们必须把手机发出的小量声音引导到我们希望它去的地方，也就是要传到我们的耳朵里。如果直接把手机放在副驾驶座上，小扬声器发出的声音就会向四面八方扩散，这样的话，就只有一小部分会被我们听到。

我们想改变这种状况。从一种介质移动到另一种介质对声波来说不容易，对我们却是有利的。例如，混凝土墙提供了相对较好的保护，我们无法听到隔壁公寓的谈话，因为大部分声音被墙反射，不容易穿透混凝土。我们刻意强调"不容易"，因为墙并不是完全隔音的——邻居家的客厅与我们家钢琴背靠的墙相邻，听着我们的伴奏，他们就可以唱歌了……但如果墙是木质墙，邻居听到的钢琴声会更响亮。显而易见，如果有人在帐篷里弹钢琴你会听得一清二楚。

声音到底是怎么传播的

为了回答这个问题，我们需要弄清楚声音是什么。声音因振动而起。这种振动可以发生在任何介质中——在水中，在布丁中，当然还可以在空气中。在手机扬声器中，电脉冲推动几个空气分子，这些分子开始移动并推动下一个分子，如此循环。因此，声音以一种连锁反应在空气中传播。你可以把这想象成孩子们偶尔玩的金属或塑料弹簧（那种可以不停地翻跟斗从一个台阶翻到下一个台阶的小玩意儿），如果把弹簧稍微拉开，然后在一边给它一个动力，它会像波一样穿过所有螺纹。[1]

1　如果你将弹簧以弹簧的方向给一个推力，会产生纵波。如果给弹簧一个横向的推力，会有凹凸形沿着弹簧横向传播，称为横波。然而，空气中的声音只能以纵波的形式传播。

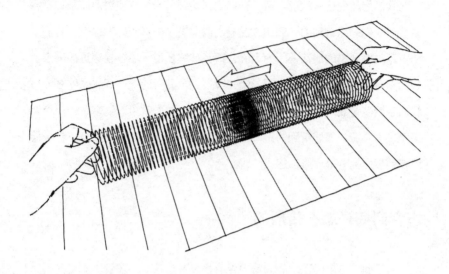

　　声音还有另一个特点，有利于我们制作临时的汽车扬声器：坦率地说，声音有些懒惰，它不喜欢从一种介质换到另一种介质。如果你有潜入浴缸水中的经历就会知道，如果这时候有人站在浴缸旁跟你说话，空气中的声音因为不会入水，所以你在水下听到的只是沉闷的声音。

　　物理学家善于通过计算得出事物发展的规律。为了计算声音从一种介质到另一种介质的变换程度，物理学家引入了阻抗的概念（注意：这里，我们将进入物理学真正复杂的领域。坚持住，你一定会为自己感到骄傲的！），声阻抗的大小取决于物质的密度和超声波在物质中移动的速度。

　　空气的密度不是很高，因为它是气体。声音在空气中的传播速度也不会很快，约为 340 米 / 秒。在其他物质中，声音的传播速度要快得多。在塑料中，声音可以以 2300 米 / 秒的速度传播。塑料的密度也比空气的密度高。因此，空气和塑料的阻抗完全不同。阻抗差别越大，声音从一个介质移动到另一个介质就越不容易。这意味着，声音不容易从空气传播到塑料。

这对我们制作扬声器很有帮助。想象一下，播客中主持人的声波在汽车中悠然自得地振动。突然，它击中了仪表板，因为仪表板由塑料制成。声波现在该怎么办？与我们未系安全带，汽车紧急刹车时的反应一样：声波撞击仪表板，并从那里反弹回来。对于人体来说，这至少会让人感到疼，但对声音却没有什么影响。如果塑料让声音反弹，那么它也应该有能力把声音目标明确地反弹到我们的耳朵。事实就是如此，汽车在挡风玻璃下方有一个放置太阳镜的储物盒，如果把手机放进去，把盒盖打开，声音就会被盒盖反射，进入司机的耳朵（如果车内没有太阳镜盒，可以把手机放在汽车扶手盒的凹槽里，这样，手机里的播客那铿锵有力的声音虽来自远方，还是可以听得清清楚楚）。

花瓶扬声器

像上面提到的这种自制扬声器，只有在所用材料的阻抗与空气明显不同的情况下才能发挥作用。玻璃和瓷片效果好，纸板和泡沫塑料效果差。到家时，我们已经利用自制扬声器了解了所有关于恒温器的事情。但这已不重要，我们现在想知道的是，家里的哪个容器可以用来为手机制作最好的扩音器。

测试物 1：家里最大的花瓶。它差不多到膝盖那么高，我们通常会把太阳花放在里面。当播客节目开始，我们把手机放进了花瓶，从花瓶里传出来的声音的确更大，但却有些沉闷。马库斯把手机从花瓶里挪到测试物2——一个稍小的花瓶，中间细，顶部宽。从这个花瓶里传出来的声音很不错。我们就这样用一个又一个花瓶来听。很快我们就发现，花瓶大小并不重要。又高又宽的花瓶不一定会使声音效果更响亮，相反，它们传出的声音效果往往比小花瓶的要差。

两个小时后，测试的赢家是高约 15 厘米、顶部直径 12 厘米的最小的花瓶，它发出的声音和大花瓶一样大，但更清晰。只有当我们把手机扬声器靠在呜呜祖拉助威喇叭下方时，声音才会更大，这个呜呜祖拉从南非世界杯起就在我们的地下室里。当然，喇叭退出了角逐，因为我们要用两只手将呜呜祖拉靠在手机上，并且需要身体姿势做出很大的调整来使耳朵处于喇叭筒前方。但是这样的话，我们就没有空闲的手来洗碗了。

为何空杯子也能发出声音

和大花瓶相比，小花瓶有什么过人之处呢？首先，它的圆锥外形很有用——底座直径小，向上不断变宽——这种漏斗形也使声音前端越来越宽，音量也因此越来越大（可想而知，为什么迷笛、小号或长号的外形如此设计）。漏斗形状的作用在于，将进入底部的能量竭尽全力传播到空气中。

其次，小花瓶尺寸完美。每个物体都有其自然频率，其内部的空气在自然频率下特别容易振动，振动大小取决于物体形状和大小。与放在果汁杯中相比，把手机放在一个厚实的落地花瓶里，更容易使各种音调放大音量。

如果我们把耳朵放在一个空的无柄杯或玻璃杯上方，就能听出这些不同的自然频率。也许此刻刚好有一杯咖啡或茶放在我们面前，如果杯子中热气腾腾的饮料已经被喝光，就可以将耳朵放在杯口处：先是听到嗡嗡声，就像以前海滩上可以听到海浪声的"海螺"一样（小时候我们以为听到的是大海的声音，现在知道那应该是我们耳朵里的血液流动的声音）。继续听就会发现，我们真的听到因容器而异的声音。我们甚至可以跟着声音一起哼唱。

为什么会听到声音呢？杯子本身不会发声，而我们也不是耳鸣（但愿如此）。情况是这样的：我们周围的环境噪声流入杯子，短波和长波，所有可能存在的频率混合在一起。但只有具有一定波长的声音才会刺激杯子振动，因为它们的频率刚好和杯子的固有频率吻合。

情况与客厅里的驻波相同。压力波在杯中扩散，空气在杯底短暂停留，暂时出现超压。接着，超压排出，同时以音速迅速将空气向上推。因为杯子有一个便于喝水的大开口，使得空气进出无拘无束。像其他质量一样，空气也有惯性，一旦被推动，就停不下来。于是，大量空气被迅速挤出杯子。杯子顶部排出的空气比原本杯内的空气要多。现在，杯子底部负压取代超压。外界新的空气迅速流入杯中从而补偿负压，这些空气再次积聚在杯底并产生超压。这样一来，压力波总是以与杯子完全匹配的节奏来回振动。

　　杯子的高度决定了空气如何来回振动。如果杯子很高，压力则需要较长时间去释放和充满。如果杯子很矮，这一过程就会变快。空气以杯子或花瓶的自然频率振动。在这个频率范围内的声音被放大，音质绝佳。

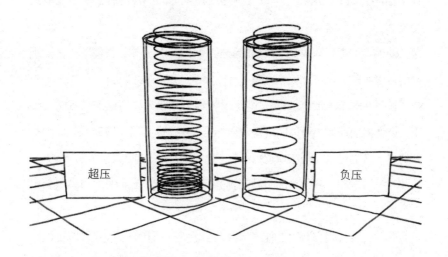

不适合听音乐的自制扬声器

　　我们的测试赢家，15厘米高的花瓶，很适合用来放大音量。即使再小一些的容器，例如一个宽口玻璃杯，扩音效果也会很好（此外，我们在网上可以找到许多有创意的，用管子、无柄杯或玻璃杯自制而成的手机扩音器）。这些容器放大了声音的频率。

　　注意，这种方法只适用于说话的声音。女儿把我们的测试赢家——圆锥形花瓶拿到浴室，以便在淋浴的时候也可以清楚地听自己最喜欢乐队的音乐。音乐声音很大，但音质听起来很糟糕：沉闷、沙沙作响，感觉很不舒服。这对于一个 13 岁的孩子来说，简直令人失望，但对于物理研究来说，真是太有趣了。花瓶扬声器不适合听音乐，因为它包含了太多不同的频率。如果想听音质好的音乐，就必须得用地下室里的大落地花瓶。或者洗碗的时候把厨房的旧收音机打开，毕竟在听音乐的设备中，它一直都占据着厨房里的荣誉地位，其扬声器效果极佳，从它那里发出的声音听起来音质都特别好。猫应该避开它，不要把它弄到地上。

日常干扰系数 ☔☔☔☔☔
生活妙招系数 💡💡💡💡💡
潜在灾难系数 💣💣💣💣💣

讨厌！我的眼镜起雾了

起雾的眼镜

空气湿度——多么无聊的话题啊，你觉得呢？让我们先来解开如下谜题：潮湿的空气和干燥的空气，你认为哪一种更重？答案在本章末尾。

在分析这个问题之前，我们先来说一件令人心烦的事——眼镜起雾。冬天，当我们从外面进入温暖的空间时，眼镜就会起雾，真的很讨厌，这个现象大家都很熟悉。然而，眼镜起雾对大多数人来说不值一提，直到最近，新冠病毒来袭，由于必须佩戴口罩，眼镜起雾从一个小众问题变成一个普遍问题。戴口罩时，眼镜总是雾蒙蒙的，即使天气不冷也是如此，因为湿润的呼气从口罩往上传导。

我们的儿子对此感到很烦，因为他每天在学校戴眼镜和口罩的时间长达 8 小时。他把眼镜移到鼻尖，还是不行；将口罩的金属条紧紧压靠在鼻梁上，也不行。他买了防雾剂，但眼镜除了被弄脏外，没有任何帮助。最后，课堂上的大部分时间他干脆就不戴眼镜（这样对眼睛不好，对成绩也不利，因为虽然他能看到黑板，但看不清黑板上的东西）。

儿子不停地抱怨，这让我们意识到空气湿度有时候真的会给人带来困扰。空气中的水蒸气，会与我们呼气中的其他成分，如氧气或氮气混合。我们该如何应对这种现象呢？有什么物理技巧来防止眼镜起雾吗？

问题的根源在于，暖空气比冷空气可以容纳更多的水蒸气。空气在紧贴面部的口罩之下非常温暖（湿度大），再加上我们戴口罩时的呼气（湿度更大），这种温暖、潮湿的空气经过口罩和鼻子之间的缝隙向上流动，到达眼镜。眼镜因为与周围冷空气接触而比较凉。呼出的空气在眼镜上冷却达到露点，通俗来说，露点是空气中无法容纳更多水汽的温度。水分开始在物体上聚积，在我们的例子中就是在镜片上聚积。同样的例子就是我们浴室中的镜子。洗完澡后，镜子会十分模糊。可这不合逻辑吧？我们通常会打开暖气把浴室加热到略微暖和的温度再洗澡，暖空气比冷空气能容纳更多的水蒸气。没错，暖空气确实可以容纳更多水蒸气，但所容纳的水蒸气并不是无限多。我们洗澡时，空气中弥漫大量水蒸气，要多于暖气释放的热空气，在某一刻，就会达到露点，空气的相对湿度为100%，这意味着空气不能再容纳任何水蒸气。于是，水蒸气在镜子上、瓷砖上或窗户上凝结。这种高湿度在热带雨林中很常见，那里的湿度始终保持在90% ~ 100%。

空气中的水蒸气

待在雾气腾腾的浴室或闷热的雨林中其实并不舒服。我们人类通常认为50% ~ 60%的湿度是舒适湿度。这种湿度足以使口腔和鼻腔内的黏膜保持湿润。同时，这种空气干燥的程度使我们还可以向其中释放水分。可能我们并无察觉，但我们一直都在这么做。这就是做运动的人出汗那么明显的原因。但我们平时其实也在不断地蒸腾。我们每天大约向空气释放半升水，另外，通过呼气，再释放大约半升水（这解释了为什么我们要喝足够多的水）。

以我们一家为例，每天仅从我们六口之家的身体中就有6升水释放到屋内空气中。空气真的能吸收所有这些水分吗？有两种正确的物理方法可以让我们找出答案。第一种方法：我们把自己关在房中 3 天，其间不开窗，不开门。第二种方法：用计算的方式得出答案。

因为实验本身即使在新冠疫情隔离期间似乎也不容易完成，我们选择第二种方法——计算法。我们的客厅有 20 平方米，天花板高度为 2.40 米，房间里有 48 立方米的空气。现在，我们需要算出每立方米空气能吸收多少水蒸气。如上文所述，这取决于温度，空气温度越高，就需要越多的水蒸气来使空气达到饱和。想象一下，我们站在 35 摄氏度的酷热沙漠中，在这里，每立方米空气可以吸收 7.6 毫升的水。沙漠空气很可能给人非常干燥的感觉，这也不无道理，因为这个数值只是相当于 20% 的相对湿度。这意味着，空气只吸收了它可以吸收水量的 20%。沙漠中没有更多的水分可供空气来吸收。

但随后，夜幕降临，沙漠里的温度骤降。较大的温差在撒哈拉这种沙漠中很常见。假设沙漠温度现在是 7 摄氏度左右，每立方米空气中仍可以吸收 7.6 毫升的水。但空气温度下降，它可以吸收的水分就少得多，勉强能吸收 7.6 毫升的水。因此，空气的相对湿度在水分含量相同情况下突然达到 100%。这一原理为我们提供了沙漠中提取水分的方法——傍晚时分在地上铺上一层薄膜，在清晨时分收获冷空气中凝结的水。在夏天如果用空调系统冷却汽车，车窗上会有大量的冷凝水。空调系统的设计者已经采取了预防措施——冷凝水通过软管排出，汽车中空气湿度宜人，凉爽舒适。

水是否凝结不仅取决于空气中水蒸气的绝对含量，还取决于温度。清晨，草地雾气笼罩，是因为空气温度低，不得不把一些水分凝结在草地上。当空气温度上升，又将水分吸收，雾也就随之消散。

冰箱冷冻层里的霜

通过冰箱中总是挂满冰霜的冷冻层也可以观察到这种效果：冷冻层的壁上覆盖着雪花晶体，被遗忘的油炸鱼肉条包装像化石一样被冻结在里面。冰箱一般都置在家里温度最高的空间——厨房。我们在这里做饭和烘烤，所有这些都会产生巨大的热量，所以我们从来不用为厨房供暖。但这两者同时也产生了大量湿度。在烹饪过程中，每小时就会有高达 1500 毫升的水蒸气释放到空气中，甚至比淋浴时（800 毫升）还要多。当我们打开冰箱冷冻层时，温暖潮湿的空气流入其中，立即凝结成美丽但又扰人的冰晶。解决这个问题的唯一办法就是不去打开它，里面可能就不会有冰晶形成了——可能也会有，谁知道呢！可是，如果不打开，我们又怎能知道里边是否有冰晶呢？情况有点儿像著名的薛定谔的猫……

让我们再回到客厅的实验上。在 20 摄氏度和 60% 的宜人湿度下，每立方米空气含水量为 10 毫升。房间里有 48 立方米的空气，因此可吸收的水分为 480 毫升，将近半升水。晚上，我们和朋友共 4 人坐在客厅里玩游戏，每个人每小时都会释放出大约 50 毫升的水蒸气（现在我们将"玩游戏"归为轻度体力活动，我们玩的不是运动量大的游戏）。也就是说，我们每小时释放出 200 多毫升水蒸气。空气相对湿度不断增加。在空气湿度为 60% 的情况下游戏开始，在最初的两个小时里，一切都好。但久坐之后，不通风的情况下，人就会感觉不舒服了。

实际上，不一定非要用技术设备去测量湿度，我们自己就可以感知湿度情况。当所有人都坐在一起时，总是会有人提出通风的要求。如果不这样做，空气的相对湿度最终会达到 100%，湿度会在房间里沉积——在家具、衣服、墙壁和窗户上。如果长期保持这种状态，最终会导致发霉。霉菌喜欢潮湿，喜欢在相对湿度长期保持在 80% 以上的地方繁殖。

我们人类制造的湿气必须被排出，这是定期通风的基本意义所在。释放二氧化碳同时也排出了湿气。当然，这只有在外部湿度不会更高的情况下才有效。例如，在夏天，暖空气会带来大量湿气，因为空气本身含有比较多的水蒸气。因此在夏天的晚上或清晨，当空气还凉爽时进行通风就很有必要。因为这样，空气会将一部分水蒸气凝结成露水沉积在草地上，而不是把水蒸气带到我们这里来。

室内该如何正确通风

在冬天，不用特意强调通风的时间，因为我们全天可以随时进行通风。尽管如此，我们在冬天还是想把窗户关上——因为天气变得寒风刺骨。我们家人分成两派：新鲜空气狂热分子和屋内 T 恤穿着者。前者不管外面是否冰天雪地，都想把所有门窗打开；而后者则不想让自己挨冻。我们一个典型的晨间日常是这样的：尤迪特第一个进入厨房，拉开窗户。马库斯一分钟后来到厨房，关上窗户。然后女儿来到厨房，再次打开窗户。尤迪特对此抱怨连连。对于屋内 T 恤派来说，冬天里，每一次通风都让屋子里的空气温度降低，就需要再次开大空调，这太浪费钱了。因此专家建议，可以短暂而完全地打开窗户，然后再关上，无论如何别让窗户只开一道缝儿。通过早上厨房里的这种开开关关的胡乱通风，无意中，我们几乎实现了完美的空气交换。

"好空气"还是"坏空气"

　　当然，我们在一个房间里是否感到舒适，不仅取决于空气湿度，还与氧气、二氧化碳等空气成分有关，它们的浓度决定了房间里的空气是"好的"还是"坏的"。科学家马克斯·佩滕科弗（Max Pettenkofer）早在 1858 年就对这些元素进行了深入研究[1]。可以说，佩滕科弗是"坏空气"的发明者。他的研究领域是卫生学及其对人类健康的影响。此外，他还是狂热的实验爱好者，他的自我人体实验闻名遐迩，在实验中，他吞下霍乱病原体的培养液，以证明这些病原体并不是致病的唯一因素。最后，他以轻微腹泻的结果完成了实验。

　　佩滕科弗将一个空间封闭得密不透风，并记录了让实验对象感到舒适的空气成分。他发现，实验对象喜欢二氧化碳含量低于 0.1% 的空气。这相当于每 100 万个空气粒子中有 1000 个二氧化碳分子。他还发现，这个数值下，来自他人的气味干扰也是最低的。这个"佩滕科弗值"在很长一段时间内被视为好空气的标准，直到最近才被更细化的标准取代。

　　实验中，佩滕科弗没有进行通风，他认为可以通过墙壁进行换气。在"会呼吸的墙"的实验中，他封住了砖墙的各个面。尽管如此，他发现，空气仍然可以穿墙而过。他推断，通过墙壁进行换气可以使室内空气质量保持良好状态。然而，事实并不完全如此，[2] 因为佩滕科弗当时是在高压

1　马克斯·佩滕科弗，《住宅楼里的空气交换》(*Über den Luftwechsel in Wohngebäuden*)，戈塔书店，慕尼黑，1858 年。

2　H. Künzel，《关于外墙适度平衡问题的批判性思考》(*Kritische Betrachtungen zur Frage des Feuchtehaushaltes von Außenwänden*)，《健康工程师杂志》(*Gesundheits–Ingenieur*)，1970 年。

下进行实验，这种压力在日常屋内是不存在的。然而，值得注意的是，佩滕科弗当时就写道："现代房屋墙壁的换气功能较差。"今天的情况也是如此：我们的房子隔绝性能越好，就越要注意勿让空气湿气在室内凝结成水分，因为隔绝性能好的房子会把外面的东西留在外面，把里面的东西留在里面。

如果你对不断地通风、供暖和擦拭眼镜感到厌烦，那就看看冷凝现象有什么积极作用。例如，没有冷凝就没有云。云的形成是因为空气在高空冷却，变冷的空气无法保存水分，于是水蒸气液化成水，这些就是飘浮在我们上空的数量可观的水。根据云的大小，液化水可达 100 吨，相当于 20 头大象的重量。最终，云会向我们头顶压来。云太重时，雨也就形成了。这绝对是空气湿度的积极效应，因为我们真的不希望没有降雨（尤其是过去几个酷热的夏天让我们意识到雨水的价值）。

此外，潮湿空气的节目效果也不容小觑。在我们的科学节目中，有一个实验，是将液氮喷射到几米高的空气中。氮气蒸发，大大降低空气的温度，空气中的水蒸气凝结成云。空气比较干燥时，实验效果已然十分惊艳，若空气湿度较大，形成厚厚的、逐渐向地面压来的云层，效果则让人不由得"拍案叫绝"。另外，如果我们刚从冰柜里拿出一个冰激凌，也会出现类似的效果，通常我们会看到冰激凌周围有雾气向下涌动。空气越潮湿，效果越明显。然而，空气完全干燥的情况下，这些效果是无法看到的。

除去镜面雾气的小窍门

虽然我们无法避免恼人的地方出现冷凝水，但至少可以耍些小聪明加以克服。一种方法是在关键点加热空气，使其能够吸收更多的水分。例如，我可以用吹风机吹干浴室镜子，虽然需要吹很久，但很有效。另外，还可以用毛巾擦拭镜子，但通常立刻又会起雾。我们在一次日本之行中发现了一个聪明的办法——酒店在镜子后面安装了一个小型加热线圈。它可以加热信纸大小的面积，镜子上的这个受热区域不再属于房间里最冷的地方，也不会起雾了。如果想用毛巾成功实现类似效果只需用力擦拭，这样的话，镜子会稍微变热，就会达到同样的效果。

办法不错，对起雾的眼镜却不起作用（即使有可加热式镜框），想要解决眼镜起雾问题，可以尝试肥皂技巧。拿一块干肥皂或一滴洗洁精，轻轻地在镜片上擦拭。然后用软布、镜片清洁布或超细纤维布将眼镜擦亮（注意不要刮伤镜片）。现在起雾的情况得到些许改善，因为肥皂留下了一层薄膜。虽不能阻止水的凝结，但不会形成水滴，只会形成匀称的水膜。肥皂降低了水的表面张力，从而防止水滴在镜片上轻易停留。这个办法也适用于浴室的镜子。这种办法需要每隔几天重新涂上肥皂膜。

如果你手头没有干肥皂或洗洁精，还有一个生物学妙招：吐口水。也许你已经知道游泳池里的这个技巧。游泳或潜水护目镜起雾的原因跟前面说的一样，护目镜下的空气变得越来越潮湿，并在冰冷的镜片上冷凝。如果你使劲向里面吐口水，然后擦去唾液，问题就迎刃而解。我们的唾液虽然主要由水组成，但不只有水，唾液中还含有对我们有益的蛋白质。这些至关重要的蛋白质被称为黏蛋白。黏蛋白其实就是黏液。植物、动物以及我们人类都可以产生黏液，黏液有助于进食时被咀嚼过的食物通过食管滑向胃部。听起来有点儿倒胃口，但却非常实用。

如果向护目镜吐唾沫，蛋白质就会散布在镜片上，用水也不容易冲洗掉（你可以试试不用洗洁精把沾满富含蛋白质的奶酪或奶油酱的盘子洗干净），凝结的水滴如珠子般滚落，眼镜立刻不再模糊。我们向儿子推荐此法来解决他在学校戴眼镜和口罩的问题。当他拒绝用这个办法时，我们并未感到惊讶（毕竟往眼镜上吐口水这件事的确有点儿让人恶心）。但从物理学上讲，我们知道这本来是可行的。

干燥空气与潮湿空气谁更重

最后，我们来为大家解开本章开头的谜题。干燥空气与潮湿空气，哪一种更重？大家可能会想，既然都这么问了，答案一定是干燥的空气更重。回答正确！从物理学上讲，干燥的空气比潮湿的空气有更高的密度。这个事实起初让我们感到惊讶，但如果稍微思考一下，就会明白其中的缘由。

想象一下 20 摄氏度时水蒸气饱和的空气，1 立方米的空气中含有 17.3 克的水分子，[1] 这些水分子在空气中的其他分子中游走。湿气只是空气的一小部分，但是，空气中每 43 个粒子构成一个水分子。其他分子是氮、氧和氩。这里，我们可以忽略示踪气体（如二氧化碳等）。

现在，让我们对潮湿的空气进行除湿——例如，安装一个像建筑工地上的那种除湿器。实际上，这意味着所有水粒子，即每 43 个粒子，都会从我们的空气体积中消失。空气粒子随后从外部流入以补偿压力。最终，一个个水粒子与某个空气粒子进行交换。我们之所以可以这样想象，是因为气体体积与它是由哪些粒子组成几乎无关，只要数量保持相同即可。

1　一个标准大气压是 1013 hPa。

一个水分子重 18u（"u"是用来测量原子和分子重量的计量单位）。还有一种常见的空气粒子更重：平均重 28.9u。因此，如果我们用较轻的水分子交换较重的水分子，干燥空气实际上一定会比潮湿空气重。如果是 1 立方米的空气，重量差至少达 10 克。

然而，夏天又热又闷的雷雨空气让人感觉很重。湿气在我们的皮肤上沉积，排汗变得更加困难。就算知道干燥的空气会更重，也不会让人感到些许欣慰。

日常干扰系数　☔☔☔☔☁

生活妙招系数　💡💡💡💡💡

潜在灾难系数　💣💣💣💣💣

苹果手机失灵了？

氦气变声游戏

吸入氦气的人都会发出像米老鼠一样的声音：尖锐、刺耳、不自然，却非常搞笑。氦气是一种轻质气体，声音在其中的传播速度比在空气中快（只有氢气的密度较低），因此声音听起来要高得多。因为非常有趣，孩子们来实验室找我们时，我们允许他们偶尔吸入氦气，不过只能有所控制地吸入少量氦气，因为这样做并不是无害的。作为一种轻质气体，氦气虽然会自行从肺部逸出，但如果吸入量过多，就会发生肺部空气过少的情况。以前就发生过有人因此晕倒、摔倒的情况。所以，吸入氦气时要小心谨慎。

在电视节目中，我们需要找到一种使名人嘉宾安全吸入氦气的方式。参与此次节目的是著名的喜剧演员及主持人维冈德·鲍宁（Wigald Boning）。我们计划制作一个可行走的盒子，向其中注入安全量的氦气和氧气。维冈德·鲍宁和他的同事们要钻进这个盒子里。氦气因其轻质气体的属性而让我们的计划得以轻松实施：我们可以撤掉盒子的底部，把盒子放在支架上，这样鲍宁先生就可以从下面钻入其中。氦气在盒子空间的上部飘浮。

盒子实验最终大获成功。维冈德·鲍宁发出了像米老鼠一般的声音，我们对节目效果很满意，电视台也很满意，直到维冈德·鲍宁在节目结束后，用他正常的声音过来跟我们讲话，我们才得知，他刚买的 iPhone 6 手机从他进入箱子后就坏了，真是让人非常恼火。

我们对此感到十分惊讶，却也并未有内疚感。氦气是一种稀有气体，具有极强的惰性。它不与氧气发生反应，不燃烧，不与其他物质形成化合物。不过，彩排时我们也是带着手机钻进盒子的，人和设备都没有任何损伤。我们的一个员工也拿着苹果手机，在氦气空间中并未损坏。

于是我们友好地回应说，我们无法解释个中缘由。此事就这样结束了，但这件事我们并没有忘记。几个月后，我们偶然看到关于芝加哥附近莫里斯医院的系统专家埃里克·伍德里奇（Erik Wooldridge）的报道。2018 年，他刚刚在医院安装了一台新的核磁共振成像设备，医生和护士就接连向他求助：在设备附近，手机故障连续发生，而且受影响的不仅仅是手机，智能手表也是如此。埃里克·伍德里奇首先想到的是，肯定是核磁共振发出了电磁辐射，那麻烦可就大了。但在这种情况下，不仅移动电话会受到影响，核磁共振设备周围的其他医疗设备也应该受到影响才对。

伍德里奇查看了受损的手机，发现它们都是苹果设备——手机和手表，共 40 部。问题到底出在哪儿了呢？伍德里奇将问题发布在互联网论坛 "reddit" 上，其他系统管理员推测，问题可能和用来给核磁共振设备散热的液氦有关。要知道，冷却这些超导磁体需要几百升液氦。事实果真如此。伍德里奇发现了导致氦气泄漏的小裂缝，但这并不能解释为什么苹果设备对此会如此敏感。当他把这些"手机病人"并排放在一起时，可以清楚地看到，它们越年轻（越是新型号），"病情"越严重。出问题的都是 iPhone 6 之后的机型，而 Apple Watch 从第一代到最新代全部受损。唯一仍在使用的 iPhone 5 一切正常。

看到这个报道，我们不禁想到了节目主持人同样的遭遇。我们问了同事使用的苹果手机什么型号，得到的回复是 iPhone 5，这个机型显然刚好可以在氦气空间中存活，而主持人鲍宁先生使用的是新机型。当然，现在大家一定很好奇，新机型有什么不同，为什么会对氦气如此敏感？

为什么只有 iPhone 新机型会宕机

德国八人赛艇队比赛时，除了需要强大的划手，还需要一个击鼓手为队员打节拍。每台电脑以及智能手机内部都有这样的节拍器，被称为振荡器。振荡器接收到微小电脉冲，开始振荡。振荡的节拍预先确定了手机信息处理器中计算步骤的频率。

现在想象一下，德国八人赛艇队的击鼓手在比赛前喝得酩酊大醉，眩晕下，无法正确给出节拍，整个赛艇队乱了套，尤其是当击鼓手突然以两倍的速度数拍子，划船手很快就会筋疲力尽。这就是苹果手机暴露在氦气中所经历的情况。

为什么偏偏是 iPhone 的振荡器会如此容易陷入混乱节奏呢？简而言之：它有些敏感。这与苹果内置的振荡器类型有关。在大多数现代计算机中，振荡器的功能由小型石英晶体来完成。它们是电压下迅速膨胀和收缩的块状物，在电脉冲刺激下进行振荡，是一种可以精确保持节拍的先进技术。

然而，石英晶体也有缺点：它们比较厚，而且对热、冷、污垢、湿气和振荡都非常敏感。因此，晶体要用类似陶瓷这样的外壳来加以保护，这使成本变高，生产过程变得复杂。此外，我们还希望手机携带方便，外形平滑。因此，包括苹果在内的所有制造商都在寻找尽可能小的组件。

苹果公司找到了 MEMS 芯片。MEMS 是复杂概念"微机电系统"的缩写，是微小机电元件（整个边长只有 1 毫米），其中由硅制成的更微小的薄片来回振动。这些薄片非常小，只有在电子显微镜下才能清晰地看到它们。

与石英相比，MEMS 振荡器有许多优势，它们更准确，更便宜，更耐用，冷敏性更低。然而，它们也有致命弱点，你猜对了，就是怕氦气。石英晶体不在乎任何气体的存在，而 MEMS 振荡器则不同，氦原子会以惊人的速度进入芯片中。在我们的测试中，仅仅 4 ~ 8 分钟后，测试中的手机就一动不动了。

给苹果手机捣乱的氦气

大多数智能手机可能都是防水的，但气体仍然可以穿透而入，尤其是氦气这样的轻质气体。这个物理过程被称作扩散。简单地说，扩散是指气体或液体中的粒子充分混合，直到到处都有相同数量的粒子。这一过程具有很强的实用性，因为这样一来，我们吸入的空气中就充满了氧气。否则，可能会发生这样的情况：我站的地方有纯氧，而离我两米远的你只呼吸到氮气。那就太糟糕了。

1827 年，苏格兰植物学家罗伯特·布朗（Robert Brown）发现了混合粒子，当时他在显微镜下观察花粉，看到灰尘颗粒总是在移动和分散。这一理论以其发现者的名字命名为"布朗运动"。1905 年，爱因斯坦以此理论为基础发表了关于"分子动力学理论"的基础性研究论文。他推断，在液体和气体中一定有微小的、不可见的粒子，它们使花粉来回移动。"布朗运动"证明了原子和分子是存在的，而且它们一直处于运动状态。

当维冈德·鲍宁拿着新苹果手机钻进氦气盒子时，手机周围有大量的氦气，而振荡器芯片内部却没有任何气体，呈真空状态（这些组件是在氢气环境下生产的。之后它们被置于低温下烘烤，排出氢气，形成真空状态）。现在，氦气迅速扩散到芯片中，从而消除了浓度梯度。

氦气的突然出现完全扰乱了振荡器。薄片不再在真空中振荡，而是在稀薄的气体中振荡。频率发生变化，控制振荡的电子装置杂乱无章。手机里的"击鼓手"给出忽慢忽快的指令，最终因疲惫而停下来。测试显示，智能手机的秒表先快后慢，最后根本不再运行。

实际上，对大多数 iPhone 用户来说，这种风险很低。只有极少数人在氦气源附近工作。苹果公司决定使用硅振荡器是合理的。苹果公司也在积极处理这个问题，甚至在使用说明中也提到这个问题。在此，建议大家将吸入氦气后陷入"昏迷"的手机静置几天。1周后，氦气会从振荡器芯片中扩散出去。

有趣的扩散实验

作为涉事者，在你正在等待气体从手机中钻出来的同时，你可以在家里做几个非常有趣的扩散实验（手机此刻无法运行，你不能浏览新闻，也无法翻看 Instagram 上的短视频，因此有很多空闲时间）。例如，你可以利用扩散使蔫软的胡萝卜再次变脆。

方法如下：

在一个高大的玻璃罐里装满水，把胡萝卜放进去。把罐子放进冰箱里，等待一天（最多两天）。然后，胡萝卜就会再次变得松脆。

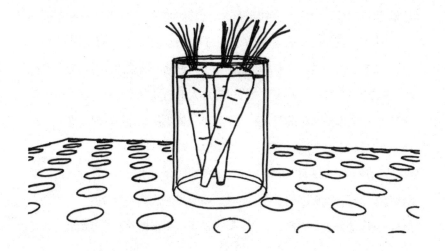

这里发生的事情与鲍宁的手机遭遇氦气一样——只不过胡萝卜实验是有意而为之。胡萝卜已经有点干瘪了。罐子里的胡萝卜周围有很多水。一部分水扩散到胡萝卜中，使它们重新变得松脆起来。另外，胡萝卜吸收水分会变得有点儿粗壮，因此最好不要选择太小的罐子，否则可能无法把焕然一新的胡萝卜从罐子里拿出来。

烹饪中的渗透法

现在，我们得等两件东西的实验结果：手机和胡萝卜。研究物理需要耐心。我们不停地在房子里走来走去，像往常一样，无聊时，我们会想到食物。什么食物做起来比较快呢？地下室里还有一罐香肠。我们取来香肠，将其放入锅中，加水并打开炉子。可是，这番操作竟然导致香肠爆裂了，看起来不再美味，真是愚蠢。

之所以操作不当，是因为我们没有考虑到扩散也在烹饪中发挥作用——更准确地说，是渗透，一种特殊形式的扩散。在这里，水通过一个可部分渗透的层，允许一些物质通过，而其他物质不能通过（科学家称之为半透膜）。我们可以把这想象成孩子们用来从沙箱的沙子筛出小石头的筛子。或者，再来看看许多高速公路服务站高档厕所里的儿童通道：那些身高超过 1.10 米的人无法直立穿过锯成人形的入口（当然，这个例子不太恰当，因为即使是年龄较大的孩子也可以低头从此穿过。对于像我们这样的六口之家来说，这很重要，因为每过一人，需要支付 6 欧元）。

我们煮的维也纳香肠的外皮是半透膜层，允许水但不允许盐通过。香肠含有大量盐，而周围的水中不含盐。香肠是无法释放盐分的，因为盐无法穿透香肠的外皮。因此，只有一种办法可以用来抵消盐浓度梯度：香肠必须吸收更多的水，实际情况也确实如此。水进入香肠，最后外皮爆裂。如果我们把香肠直接放在盐水中或罐子里的腌制液中加热，水中的盐和香肠本身所含的盐完全等量，就不会出现渗透现象。

对于香肠，我们可能尝不出完美加热和肠衣爆裂之间的区别，因此我们再举一个厨房中的例子：煮牛肉。如果你想做出最美味的水煮肉，烹调液中的盐分应尽可能接近肉中盐分的含量，以免肉的味道逸出。煮肉汤时，情况则正好相反，因为我们希望味道从骨头里出来进入水中。在这种情况下，水中不要放盐。煮面时，做法则不同，在煮之前应在水中加盐，以免面条本身所含的少量盐分逸出。绿色沙拉只能在上菜前浇上沙拉酱汁。它在酱汁中放置的时间越长，就会变得越软烂，因为沙拉中的水分都释放到咸酸浇汁中了。

起皱的指尖是怎么回事

我们在洗香肠煮锅的时候，观察了刷锅水中的手。指尖看起来皱巴巴的。有些书上写道，这也与扩散有关。原理是：我们体内的盐比水中的盐分多，因此水会流入我们的皮肤细胞并导致它们膨胀，特别是有角膜的地方。这种解释并没有逻辑性，因为，在这种情况下，不仅仅是手指和脚趾，我们的整个身体都一定会变皱，我们的指尖看起来不是肿胀，而是有些萎缩。

科学家们想到了另一种解释，因为他们发现神经损伤的人洗澡时，洗多久都可以，手指不会变皱。所以这一定与神经有关。目前的认知是：如果我们长时间接触水，交感神经系统就会使脚趾和指尖上的血管收缩，引起皮肤收缩。

因渗透效应而沉没的船舶

水手可能是最痛恨渗透作用的人。渗透可导致船只沉没，因此水手们把它当作一种可怕的疾病来谈论也就不足为奇。船舶具有"渗透性"或"受渗透性侵害"。具体而言，这指的是船舶水下部分的船体。特别是较老的船舶，它们大部分是由玻璃纤维增强塑料（GRP）制成。这种材料中的树脂并不具有永久的防水性。因此水会扩散到船壁上，聚集在船壁积层板的空腔中。树脂分解并形成一种酸。这种酸极力稀释自己，以此将更多水分吸入空腔。液体将板材的油漆（即胶衣）向外推，形成气泡。当这种气泡破裂时，积层板就会毫无保护地暴露在海水中，情况会越来越糟糕。如果不注意这一点，船最终会沉没。

事实上，这种情况曾经造成船只损坏，夺走生命——大多是在水中浸泡了多年的船只。只在春季和夏季航行并在冬季晾晒船只的水手就较少遭遇这种问题：这种情况下，至少有机会在陆地上检测出渗透效应所造成的损坏。若想长途旅行，最好买一艘现代化船舶，大多数现代化船舶使用的都是更加防水和抗渗透的树脂，我们必须对此有所了解。

随着时间的推移，现在，鲍宁先生对于苹果手机发生的意外已经原谅了我们。他没有等到氦气蒸发，而是带着损坏的手机去了苹果专卖店进行检查。有趣味的是，诊断结果是渗水而致。最终，他得到了一个新手机。

日常干扰系数 ☔☔☔☔☔

生活妙招系数 💡💡💡💡💡

潜在灾难系数 💣💣💣💣💣

暴露在辐射下的我们

实验室里的惊魂一刻

我们本不愿讲述这个故事——但如果这个故事最终一定要讲，那就放在关于放射现象的章节中吧。毕竟这是关于核事故的，而且还是个自作自受的事故。

事情发生在我们大学即将毕业前的一个实验日。那时候，讲授课、练习课以及社会实践都已顺利完成，现在只差毕业论文了。马库斯的论文主题是——医学物理学以及关于放射性植入物是否可以对抗眼部肿瘤的问题。这项实验的主要组成部分是伽马种子——小型辐射胶囊，约一粒米大小，具有钛合金外壳，其中加入了放射性碘-125粒子。碘-125的衰变会产生伽马射线，会对人体造成严重损伤。

为了测量辐射，这些放射性米粒必须被粘在实验室里的一块塑料上——严格的安全防范措施使得整个过程成为一种技巧游戏：在马库斯和工作台之间搭建了一堵约40厘米高的铅砖墙，上面有一片铅玻璃倾斜而置作为屋顶。马库斯必须抓住玻璃周围——当然不是徒手，而是戴着厚厚的铅手套，并且拿着两把长钳子。我们可以设想孩子在过生日时，戴上厚厚的手套、围巾和帽子用刀叉将巧克力的外包装打开。就好像在防辐射的状态下进行吃巧克力比赛。

在吃巧克力的比赛中，总会有输掉比赛的时候——在我们的这个实验中输的是那粒放射性的米粒。它直接从钳子上滑下来，啪嗒一声，消失了。毫不夸张地说，那可能是我们整个物理专业学习期间最糟糕的时刻。

毕竟，戴着防护眼镜，还得弯腰越过铅墙，如何能找到毫米大小不显眼的银色颗粒呢？摸索着找似乎毫无希望。幸运的是，在震惊了几分钟之后，我们恢复了理智：放射性物质有什么作用？它们会放射出射线。马库斯拿来一个盖革计数器，在工作台上慢慢地移动计数器。实际情况是，设备在一个角落里显示出比其他地方更多的放射性。就在工作台的最边缘，我们看到了那粒丢失的钛合金胶囊。

看到这里你可能会想：谢天谢地，我没有学习物理学，这样就不用面对放射性辐射。恐怕现实要让你失望了，因为放射性辐射是我们环境的一部分，当我们走在鹅卵石路面上、坐飞机去度假或吃香蕉时，我们都会接触到它。没错，香蕉，它们不仅含有放射性钾，还含有酒精。我们不禁要问，为什么香蕉是除了苹果之外德国人最喜欢的水果（也许这就是原因）呢？

为什么香蕉含有放射性物质，而苹果不含？这与两种水果含有的原子核有关（是原子核，不是苹果核）。我们周围大多数原子的核都是稳定的。无论它们在空气中来回移动，还是卡在手机电池中，或是在苹果的内部，它们都会保持自己原本的状态。这些稳定的原子核并不关心整个原子会形成哪种化合物。

然而，某些类型的原子核具有自发衰变的特性，被称为放射性核素（放射性"核"）。衰变产生高能射线或粒子，它们可以快速传播。这种电离辐射能够从原子或分子中放出电子，或使电子发生化学变化。根据辐射能量以及损害程度，射线被分为以下几个等级：

1. α 射线：由空气中氡气的衰变产生，同时还产生 2 个带正电荷的氦原子核。它在空气中辐射范围不大，一张纸足以挡住它们。

因此，α 射线对人类来说危险性相对较小，除非放射性物质通过呼吸或其他方式直接进入体内。

2. β 射线：当自然界中的钾 40 衰变为钙 40 时，会有一个电子从原子核中逸出。它的辐射范围比氦原子核大得多。首先，因为它要小得多；其次，电子最初几乎以光速移动。为了保护自己免受 β 射线辐射，需要比纸更硬的保护层，由金属，最好由铅制成的保护罩就比较适合。

3. γ 射线：电磁辐射。可以说，它是紫外光中的老大，只不过它的波长要短得多，辐射的能量却大得多。γ 射线是辐射范围最大的电离辐射。在放射性衰变中，当受激原子核改变其状态并在此过程中释放出能量时，就会产生 γ 射线。丢失放射性米粒那次实验中，我们研究的正是这种射线。

特别是 γ 射线很容易穿透大多数材料，包括人体，因此我们在骨折时可以进行 X 光检查（不过在 X 光机中，γ 射线在高压下产生，因此不需要放射性材料）。

今天，我们知道应该尽可能少用 X 射线。在我们小时候，情况有些不同。例如，当我们去买鞋时，总是先给我们的脚照 X 光，以了解鞋子是否合适。听起来令人难以置信？但当时确实就是这样。20 世纪 70 年代的一些鞋店（例如下萨克森州许托尔夫小镇的 Rosche 鞋店）里会有一个木箱，顾客站在木箱面前，把脚尖放进去。

人们可以从上面往下窥望这个盒子，一个物理奇观会呈现在眼前：脚的 X 光图像，而且还是现场实况。X 光，即 γ 射线，从下方穿过脚部，直接照射到脚部上方的一种电视屏幕上。在这块发绿光的玻璃板上，可以

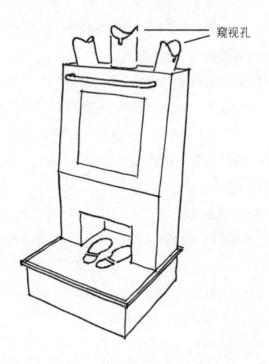

窥视孔

看到脚穿进新鞋的情况，以及脚趾在鞋里是否还能松动。当然，作为孩子，我们总是会试穿很多双鞋。我们的脚曾经受到过相当多的辐射——今天，我们一想到当时那些不穿任何防护服一整天都要站在商店里向顾客提供建议的售货员就会不寒而栗。而这在当时简直太酷了。

即使脚不再做 X 光检查，我们也经常受到电离辐射的影响。它存在于空气、岩石、食物中，甚至来自天空。虽然来源各不相同，但物理学使一切都可以彼此相互比较。辐射量以希沃特为单位，而这个单位也包含一个极其重要的数值，现在我们将向你揭示。该值可以用来对各种辐射源的危险性进行分类。德国电离辐射的平均自然辐射量是每年 2.1mSv（毫希沃特）。"自然"意味着没有切尔诺贝利的反应堆事故，也意味着没有接受 X 光照射，假设一切都来自大自然的条件下。

自然电离辐射来自哪里？大约有一半来自含有放射性氡气的空气，其余的来自各种矿物的地面辐射、食物的放射性物质和宇宙辐射。

每年 2.1mSv 的辐射剂量当然只是一个平均值，而且人们生活方式和地点的不同使该值存在很大的波动性。例如，在德国南部，氡气浓度比远方的北部地区高出许多倍，原因在于释放到地表的气体来自不同种类的岩石。如果用花岗岩板装饰整个地板，房子里的辐射量就会略高，因为花岗岩含有几种放射性核素，包括极小量的铀。喜欢吃巴西坚果的人会吸收重要的微量元素硒，但也会吸收一些放射性核素。住在高山上的人，会比站在北海堤坝上的人接受到更多的宇宙辐射。

我们制作了下面的表格，总结了几种辐射源的辐射量。

辐射源	年辐射剂量（mSv）
氡	1.1
地面辐射	0.4
食物	0.3
宇宙射线	0.3
自然辐射总量	2.1[1]

行为	行为产生的辐射剂量（mSv）
吃香蕉	0.0001
在鹅卵石路面上行走1小时	0.0002

1　德国联邦环境、自然保护和核安全部（BMU），《环境放射性与辐射暴露》（*Umweltradioaktivität und Strahlenbelastung*），年度报告，2018 年。

行为	行为产生的辐射剂量（mSv）
吃巴西坚果	0.0004
胳臂X光射线	0.005
肺部X光射线	0.02
躯干计算机断层扫描	8
冠状动脉扩张介入检查中的X光射线	15～20
法兰克福—纽约往返飞行	0.1
在国际空间站停留半年	120
医务人员年平均上限值	20

正如此表所示，香蕉的电离辐射实际上是可测的。一根香蕉的电离辐射是 0.1mSv。这是年平均剂量的 21‰。据说美国一个港口的探测器曾经在一船香蕉抵达港口时被触发而发出警报。

如果你想知道吃多少香蕉不会得癌症，好消息是想吃多少就吃多少，因为放射性钾不会留在体内，而是被排出体外。尽管如此，科学家们还是提出了"香蕉等效剂量"的概念（也许是为了好玩）。我们可以使用香蕉当量（0.1 mSv）与日常生活中的其他放射源进行比较。在鹅卵石路面上行走 1 小时 =2 根香蕉，因为鹅卵石路面是由花岗岩制成的。去美国 = 吃 1000 根香蕉。

谢谢你，宇宙射线

我们每年受到的来自太空的宇宙射线辐射剂量大约相当于 3000 根香蕉。宇宙射线听起来像超级英雄，其实是指由质子和氦核（即 α 粒子）构成的粒子流。当这些粒子接触到地球大气层时，便与空气分子碰撞并使其加速。粒子雨随之产生，但只有一小部分到达地球表面。其余的继续在宇宙里四处移动。因此，国际空间站上的宇宙射线强度是地面上的800倍。

虽然宇宙射线对日常生活影响甚微，但我们还是应该感谢它。科学家们猜测，它可能对地球上的生命起源起到了不可忽视的作用。复杂的化合物的形成需要能量和一定的混沌，来自太空的射线可能促成了这种混沌。

即使在我们大气层的较低层中，宇宙射线也会导致带电粒子的出现。带电粒子引发雷暴。雷暴云中的高压只在有足够的移动电荷情况下才能放电：瞧！闪电也被认为在地球生命进化过程中起到一定作用，这更加表明宇宙射线非常酷。

自然辐射到底有多危险

自然辐射对我们有危险吗？首先答案肯定是"有"。电离辐射的危险在于它改变了分子。如果射线击中一个身体细胞，这个细胞就有可能死亡、无法繁殖或其遗传物质发生改变。而在最后一种情况下，可能会导致癌症或白血病。从理论上讲，只需一个不利于我们的粒子就足以造成这种情况。

但是，危险的遗传物质变化的概率是极小的。自然电离辐射造成的额外死亡率很难量化，因为在癌症的情况下，通常不可能确定它是由化学影响、病毒、辐射还是没有外部影响引起的。年龄、性别和受影响的器官，这些因素也不容忽视。

例如，频繁飞行显然会增加患癌症的风险，然而，这很难去证明。尽管有一项研究发现，机组人员面临更高的患癌风险[1]，但睡眠节律紊乱和客舱内的化学物质也可能是造成风险增加的因素。归根结底，这些统计出来的原因都因电离辐射而起。飞往火星对宇航员来说意味着会遭遇相当多的辐射，然而，与之相关的癌症风险仍然低于因吸烟成瘾而死亡的风险。

由于患癌原因的研究存在这些困难，微弱而持久的电离辐射带来的后果只能粗略估算[2]。大部分数据来自长崎和广岛原子弹爆炸的幸存者对辐射检查和治疗的观察以及从事辐射相关职业人员的研究。由此，粗略计算出，在德国每年23万癌症死亡病例中，自然电离辐射占3%～4%。

再次强调：无论是否愿意，我们都会自然地暴露在这种风险中，不过，这种风险非常低。但是，在决定要让自己遭受多少额外辐射时，自然辐射剂量水平是一个很好的参考值。

人为造成的放射性

除了福岛核事故这样可怕的核事故外，人们在不知道自己暴露在过量放射性辐射的情况下，已遭受可怕的辐射损伤。直到19世纪末，亨

1　艾琳·麦克内利（Eileen McNeely），伊琳娜·莫杜霍维奇（Irina Mordukhovich），史蒂文·斯塔法（Steven Staffa），塞缪尔·蒂德曼（Samuel Tideman），萨拉·盖尔（Sara Gale）和布伦特·库尔（Brent Coull），《空乘人员与普通人癌症患病率对比》（ Cancer prevalence among flight attendants compared to the general population），《环境健康》第17卷，文章编号：49（2018年）。

2　国际放射防护委员会，《国际放射防护委员会（ICRP）建议书》（ Recommendations of the International Commission on Radiological Protection）（ICRP第60号出版物），英国牛津：培格曼出版社。

利·贝克勒尔（Henri Becquerel）、玛丽·居里（Marie Curie）和皮埃尔·居里（Pierre Curie）才发现 X 射线和第一批放射性元素，但辐射损伤在此之前就已存在。早在 16 世纪，著名的医生帕拉塞尔苏斯（Paracelsus）就对德国施耐博格（Schneeberg）矿区的一种疾病有过描述，这是一种矿工常得的肺癌类型。他们开采各种各样的矿石，其中包括当时还不为人知的铀。

辐射对我们有什么影响

电离辐射会杀死细胞吗？电离辐射通常不会直接杀死细胞，而是名副其实地使细胞中的水或其他成分电离。这种情况下所产生的自由基，即带电分子碎片，会导致细胞发生各种变化。在最坏（但概率最低）的情况下，两条 DNA 链都被切断，DNA 遭到破坏。如果细胞中产生的自由基不多，身体几乎总是能够自己修复损伤。如果修复失败，细胞要么不再分裂而转向坏死，要么就会发生突变。后一种情况可能导致肿瘤的发生。因此，在体内细胞繁殖最快的地方，例如胃黏膜中，辐射导致患癌症的风险也最大。

幸运的是，许多癌细胞很难从辐射中恢复过来。医生正是将之加以利用对肿瘤进行放射治疗。诀窍之处在于给受损细胞组织进行高剂量照射，在此剂量下，健康细胞能够修复，肿瘤细胞却不能。这样，癌细胞就会被杀死。尽管健康的细胞组织也会受到损害，但这种损害以后才会显现，病人可以在通过治疗而获得的时间里正常地生活。

产生高能 X 光射线和强加速电子的特殊 X 光射线机目前使用广泛。以前人们还使用放射性物质，其辐射只需对准待治疗的部位，并保持足够长的时间。当然，这些辐射源必须特别小心对待，因为即使长时间不使用，它们仍然非常危险。

1987 年（当时鞋店的 X 光机肯定已被拆除），巴西城市戈亚尼亚（Giânia）的两个捡废铁的毛贼听到传言说，在一个废弃医院里有价格不菲的设备被遗弃。他们在那里搜罗了一圈，发现了一个废弃的放射设备，他们用简单的工具将其拆解，从中取出一个似乎很值钱的圆柱形金属罐。他们用手推车将其运回家，放在花园的杧果树下。

一两天后，他们感觉不舒服，出现了呕吐现象，并且浑身无力。医生诊断为对变质食物的过敏反应。二人将金属圆筒卖给了一个废品交易商朋友。

这位朋友注意到金属圆筒中漂亮的蓝色发光粉末。他用锤子和撬棍撬开圆柱体，发现了一块发光的石头，并把它带回家，金属则卖给了其他人，包括一个农民和一个印刷商。他们都未料到，这两个捡废铁的毛贼找到的竟是高度放射性的铯 -137，一种用于治疗肿瘤的 β 放射体。

几天来，在大家毫无防备的情况下，铯被四处传递、品评和触摸，一个小女孩把这种发光的粉末涂抹到手臂上。所有人或病或亡。然而，两个星期之后，一个受害者的妻子才开始怀疑金属圆筒有问题。于是，她与一个熟人一起，把金属圆筒拿给一个医生看（乘坐公共汽车，装在肩包中）。金属圆筒在医生家里又放了一段时间，直到医生决定咨询一位熟悉放射性物质的同事。他们一起向当地有关部门发出警报并及时返回医生的家，并且阻止消防队将放射性圆筒扔进河里。

事故给戈亚尼亚人民带来了可怕的后果。数百人遭受放射性伤害，数人死亡，直到今天，在该地区仍然能检测到超剂量的辐射。

这就是放射线辐射引起的问题——这方面不允许出任何差错，一旦出错，就是大错。特别是铯，容不得半点儿差错，因为它的化学性质极为活泼，很容易与各种物质形成化合物。在戈亚尼亚有85所房屋被泄漏出来的相对少量的放射性铯所污染，其中一些不得不拆除。受辐射污染的垃圾总量达到3500立方米，相当于装满约1000辆卡车。所有这些垃圾必须安全储存180年，直到它们发出的辐射衰减到可以被视为无害。

原则上，放射性物质永远不会停止辐射。让我们看一下单个的铯-137原子。它具有不稳定性，最终会发生衰变。衰变的概率用半衰期来表示。就铯-137而言，其半衰期是30.17年。对于铯原子来说，这意味着在30.17年内它有50%的可能性会衰变成稳定无害的钡-137，并向这一区域放射电子。当然也有不衰变的可能性，那么一切都将从头开始。我们都知道，在"飞行棋"桌游中，有时需要掷很长时间的骰子才能到达终点。在这里，掷骰子的是上帝，如果你喜欢，可以用多个骰子，必须同时掷出6。在充满铯-137的金属圆筒上，这意味着30.17年后，铯已经衰变了一半，但另一半还在。又过了30.17年，其中1/4仍然存在，以此类推。每30.17年，铯-137的比例减少一半。这种物质只有在其辐射衰减到自然放射范围内时才真正无害。

对于放射性物质来说，30.17年并不算特别长。碘-129在衰变前，要经历1700万年的半衰期。如此之长的半衰期使得寻找有效的核废料储存地变得十分困难。人们正在寻找一个可以将核废料储存100万年的地方，这真是我们人类几乎无法想象的时间。

放射性尽管存在危险，但是在某些领域仍然是不可或缺的，其中之一就是宇宙飞行。探索地球邻近星球的火星探测器"毅力"号就配备了放射性核素电池。电池中钚的衰变会产生大量热量，热量通过热电偶转化为电能。若不如此，将很难确保长期的能源供应。

还有一些人自愿将些许电离辐射束缚在他们的腿上或手上，例如手表里的电离辐射。有些钟表中的低水平放射性物质会慢慢衰变，产生 α 或 β 射线，它们刺激另一种荧光材料，从而使手表在没有电池的情况下长时间发光。只要辐射留在手表中，就没什么问题。在大多数情况下，也确实如此。然而，轫致辐射就比较棘手了。当高速运动的电子从原子核的电场掠过时，会发生强烈偏转，发出辐射，辐射可能会泄漏，并且击中手表的佩戴者。轫致辐射在钟表中是非常少的：每年 0.02 mSv，也就是人们所接收到的辐射总量的 1%，相当于约 200 个香蕉。

日常干扰系数　🌧🌧🌧🌧🌧

生活妙招系数　💡💡💡💡💡

潜在灾难系数　💣💣💣💣💣

智慧解析框——放射性物质真的会发光吗？

了解霍默·辛普森（Homer Simpson），这个在春田核电站工作的动画片主角的人都知道，放射性物质会发出绿色荧光。不幸的是，霍默智商不高，否则他就会知道，绿色荧光几乎都是来自一种放射性的发光涂料。这种颜色被用于一些腕表的表盘上（见上文）——但不用于核反应堆。

核反应堆发蓝光

在漫画英雄那一集一定会看到注满水的反应堆中核燃料棒发出的幽灵般的蓝光。这是真实存在的。它是由切伦科夫效应引起的。当带电粒子在非导电介质中的移动速度比同一介质中的光更快时，就会出现这种情况。

例如，光在水中总是散射在水粒子上，因此光在水中的传播速度比在真空中慢 25%。尽管如此，这种传播速度还是非常快的。但从核反应堆中逸出的电子速度更快。事实上，它们的速度几乎与真空中光的速度一样快：约 30 万千米／秒。

当电子以这种疯狂的速度在水中奔跑时，它们会短暂地移动水中的电荷。这种电荷的移动产生了向四周放射的微弱电磁辐射。这些电磁波叠加在一起形成圆锥形的波前，将电子拉到其后面。这就是切伦科夫辐射。

波前有点儿让人联想到鸭式飞行器或船舶的 V 形首波。在切伦科夫辐射中，较短波长比较长波长更明显，因此它会发出蓝光。

据上文出现的戈亚尼亚核事故目击者描述说，放射性物质发出了蓝色荧光。这当中或许也是切伦科夫效应在起作用，因为铯 –137 衰

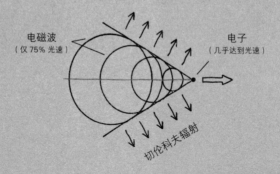

电磁波
（仅 75% 光速）

电子
（几乎达到光速）

切伦科夫辐射

变会迅速产生电子。物质本身是透明的，光在其中的传播速度比在真空中慢 2/5。

切伦科夫光传播范围广，因此适合用于观察罕见的高能基本粒子。南极周围的冰层中，5160 个光传感器被嵌入冰层深处，用于名为冰立方（IceCube）的实验，来探测引起闪光的宇宙源发出的高能中微子。这种光也是蓝色的，而不是绿色的。

"勇敢"号遇到的难题

开不快的船

　　"勇敢"号本应属于世界上最快的船。英国皇家海军在这艘驱逐舰上安装了一个特大螺旋桨和 3 个蒸汽锅炉。当时，在 1893 年，这算得上高科技了。船头装有一枚可以一招制胜的大型鱼雷。

　　理论如此。实际上，尽管特大号螺旋桨全速运转，船只行驶速度却十分缓慢。不管多么用力提速，这艘超级大船仍然如同在海面上爬行。工程师们试图找出问题所在，但毫无结果，直到他们查看了船体下方。那里看起来像一个漩涡。大量的气泡在螺旋桨周围旋转。工程师们感到很奇怪：哪来的气泡呢？要知道，船的螺旋桨处于水下，与空气是隔绝的。

　　英国的造船师们遇到的是一种极为恼人但也让人兴奋的物理现象——空化现象。这个词来自拉丁语，意思是"空洞"。而这种空洞使"世界上最快的船"无法做到名副其实。

　　空化现象是指，每当物体快速滑过液体时，它们背后就会产生负压。你知道那种当你站在路边时，一辆卡车从身边冲过去的感觉吗（除了害怕的感觉）？你会感觉有吸力的气流从你身边掠过。这是因为空气在卡车后面流动速度极快，结果，卡车身后的空气一下子变得极其稀少。空气少的地方，气压也很低，此处压力较低，周围的空气会快速流入此处以补偿压力。

　　当螺旋桨切过水面时，也会发生同样的情况，只不过流动的不是空气，而是水。螺旋桨的叶片产生强大的吸力，形成流动速度极快的水流，螺旋桨后面的压力下降。

于是，异乎寻常的气泡就形成了，"勇敢"号的螺旋桨奋力地旋转，这都是水蒸气在作祟，沸水产生了气泡。乍一听，会觉得难以置信，因为海水是凉的啊。然而，船舶螺旋桨后面的压力急剧下降，而水沸腾的温度与周围环境压力有关。

地球的标准气压为 1.01325×10^5 帕斯卡。众所周知，在这个压力下，水的沸点是 100 摄氏度。如果我们降低压力，沸点温度也会下降。珠穆朗玛峰的气压仅为 0.325×10^5 帕斯卡，水在 70 摄氏度时就会沸腾。许多物理学出版物都会涉及诸如"为什么在珠穆朗玛峰上无法煮鸡蛋"等问题，原因正是水虽在冒泡沸腾，但温度还不够高，无法将鸡蛋煮熟。所以，如果你想攀登珠穆朗玛峰，最好从大本营带上早餐。饮料就不必扛上山了，因为那里水的沸点温度足以泡杯绿茶。

若想自己观察这种效果，可以在药房买一个注射器并进行以下实验：

实验需要：

- 开口处有封口的一次性注射器，最好稍粗一点儿
- 温水

方法如下：

用注射器抽入约 1/3 的温水。

用塞子密封开口（如果没有塞子，也可以用橡皮泥或自己的手指）。

现在用力下拉注射器的塞子，就好像试图将更多的液体抽入注射器一样，这会在注射器中产生负压，水开始沸腾。

让我们再回到 1893 年，"世界上最快的船"徜徉的海洋。那里的压力是什么情况呢？潜水员都知道，海洋深处水压很高。越往深处走，水压就越高。但是船上的螺旋桨就在水面以下，那里的压力并不是特别大。水

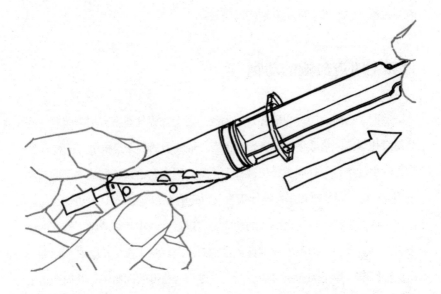

的沸点相对较低，而且由于空化作用，在某些点压力会继续下降。于是水真的就在螺旋桨后面开始沸腾，水蒸气形成一个一个的小气泡。物理学家称之为空化气泡。

当然，这些气泡不会持续很久，因为水的压力压在它们身上。不仅如此，空气也从上面压在海面上。气泡在几毫秒内内爆——然后全部消失。当如此小的圆形气泡从内部爆裂时，周围的水以及水流的全部力量都作用在一个微小的点上，即气泡破裂之前的中心。这是自然界中很少发生的非同寻常的现象。与此同时，巨大的力量被释放出来。

气泡破裂的同时，会形成高速流动的小水流，即微射流。它们虽小，却以令人难以置信的力量向前冲击，你可以把这想象成无数的针刺。坚硬的尖头针有强大的破坏力，因为施加在针上的压力全部集中在针尖上。如果用针尖一直扎，可以摧毁一个篮球或木板，甚至是金属……如果大型船舶的螺旋桨长时间受空化力量的影响，螺旋桨看起来就会有所破损。金属破裂脱落，就好像有人用针猛刺过一般。

世界上叫声最响的动物

然而，在航运中具有破坏性的因素，在动物界却非常有用。有些动物利用空化效应来猎取猎物或抵御攻击者。最典型的例子是枪蟹，一种5厘米大的小动物，与虾同类，也被称为枪虾，因为它会直接把敌人砰的一声击倒。它可以用一对钳子发出比喷气飞机还响亮的高达200分贝的声音。这使它成为世界上声音最响亮的动物。这声音会致小动物晕厥，较大的攻击者会迅速逃跑，潜艇的声呐甚至也会被这声巨响干扰。枪蟹之所以能发出这种巨响，也是因为空化效应。它以爆炸式速度收回钳子，并向袭击者发射一股水流。在射流后面，形成了上面描述的充满水蒸气的气泡，气泡内爆时会发出一声巨响。

有趣的是，这种枪蟹可能听不到自己的巨响。研究人员发现螃蟹都没有听觉器官。听不到砰砰巨响，这或许也是件好事。

枪蟹的钳子不仅可以制造巨雷般的响声，还有闪电的光。当空化气泡内爆时，巨大的能量被释放出来，从而出现了声致发光现象——该术语是指当液体受到强烈压力波动时发生的光效应。遗憾的是，我们人类无法用肉眼看到这种闪光。但是，如果用一台相机以慢镜头拍摄枪蟹，就可以看见声光。这看起来真的令人难以置信！声致发光效应的发现者们非常兴奋，他们甚至把它命名为"虾光现象"[1]。

1　Lohse，D., Schmitz, B. &Versluis, M. Snapping shrimp make flashing hubbles. Nature 413, 477–478〔2001〕。

总的来说，枪蟹是一种非常迷人的动物，关于它们可以专门写一本书。枪蟹是一种完全社会化的动物，喜欢和小鱼或海葵生活在一起。它经常和虾虎鱼（一种小型的条纹鱼）生活在一个洞穴里。枪蟹整天在洞里筑窝，而小虾虎鱼则在洞口外游来游去，确保没有敌人进来。如果有章鱼游过来，小虾虎鱼就会迅速游回洞里，开始害怕得发抖。这对枪蟹来说是种信号：它会冲出洞口，用一对钳子击倒进攻者。

如果在战斗中失利，失去了钳子，它会自我修复。另一侧的夹钳被转化为枪钳，受伤的一侧则会长出用来抓取的夹钳。

速度最快的船终于名副其实了

当然，"勇敢"号不可能拥有如此强大的自愈力。1893 年，工程师们必须得找到一种克服破坏性空化现象的方法，而他们做到了。他们把转速极快的巨型螺旋桨换成了多个功率稍低的小型螺旋桨。这样一来，水流速度不再那么快，空化现象也有所减少。这艘船最终以 32 节的速度（译者注：节是海上计量各种速度的单位，1 节 =1 海里 / 小时，1 海里 =1.852千米，1 节也就是每小时行驶 1.852 千米）在海上航行。在 19 世纪末的那个时代，这真的是极快的速度。各大报纸终于可以称其为"世界上最快的船"，对其进行报道，工程师们心满意足。

还有一个小问题，需要他们后来改装一下：他们在船头前方安装了一个鱼雷发射管，以轰炸敌方船只。这被证明是不切实际的，因为"勇敢"号现在的速度如此之快，以至于面临超越鱼雷速度的危险。

事情已经过去 100 多年了，现在有许多更行之有效的解决方案可以保护船舶避免因空化效应造成损坏。可以将船舶螺旋桨设计成空气从其边缘冒出气泡的构造。一个个小气泡就像缓冲器，如果水在螺旋桨后面流速太快并且压力变得太低，它们会膨胀，从而防止形成空化气泡。对于军舰来说，这项技术还很实用，它使船只噪声变小。因为我们从枪蟹的例子得知，破裂的气泡会发出巨响。这有可能导致船只被敌人的声呐定位。

空化效应在生活中的应用

即使你不是士兵，也没有一艘大船，也可以将空化现象加以利用，并从中获得诸多乐趣，例如，烹调。很多人都有过想拧开一罐酸黄瓜腌菜、香肠或紫甘蓝却怎么也打不开的经历。如果手是湿的或者没有足够的力量，盖子就会紧紧地卡住，无法拧开。我们的朋友在厨房里有一个处理这种情况的好工具，一种钳子，可以用它来抓住盖子，然后在杠杆原理作用下将罐子拧开。

可惜，我们没有这样的工具，只有尤迪特祖母安妮的方法：把黄瓜罐子倒扣，用手心用力拍打罐子底部。祖母安妮与祖父海因茨有一个种了很多水果和蔬菜的园子。每年夏天采摘后，他们都会煮一大罐樱桃、甜菜根或南瓜，将它们密封在罐子里。当安妮奶奶在厨房里准备食物时，总能听到厨房里传来她对罐子底部特有的拍打声，以及不久后拧开盖子时的咔嚓声。

很多人都知道这个方法有效，但不知道为什么。通常，人们猜测，我们通过拍打对玻璃罐施加压力，玻璃罐将压力传递给酸黄瓜罐头中的液体，液体又将压力传递到盖子上，在盖子附近形成真空。专家们（物理学家们及操持家务的男人们）对此也不十分确定。《时代》周刊的一位读者曾经向编辑部提出了这个问题。在备受欢迎的专栏"这是真的吗？"中，她说道："我认为这是一个谣言，因为我不相信能制造出真空状态来。但如果有能人能给我一个合理的解释，我愿意承认我的错误。"

编辑们着手研究起来。他们去找旋盖和密封罐的制造商咨询。制造商们提供了三种解释：盖子被粘住并因打击而松动；小酸黄瓜压在盖子上，使空气从外面流入；拍打盖子使黄瓜水中的氧气释放出来，从而降低了负压。

所有这些解释听起来都很有道理，但都是错误的。事实上，是空化作用使盖子松动，在黄瓜水中形成内爆的气泡，与枪蟹进攻的情况相似。因为肉眼无法观察到，所以我们进行了测试，并以慢镜头拍摄了整个过程。

当我们拍打杯子底部时，玻璃杯随着拍打的速度向下移动一点儿，黄瓜和液体则留在空气中，它们没有随着我们的拍打移动，而是在原来的位置停留片刻。你可以想象当我们迅速抽走一块桌布，而盘子还留在桌子上时的情况。

玻璃瓶中的液体并没有停留于底部，于是，在底部，盖子附近瞬时产生真空。液体开始沸腾，导致气泡形成，并在几毫秒内破裂，同时释放出甚至可以使船舶螺旋桨凹陷的巨大力量。这些压力作用在盖子上并使其稍微松开一点儿。我们听到噗的一声，轻松一拧，盖子就开了。

这种方法只针对瓶内差不多是液体状态的情况才有效。用这种方法无法打开果酱罐，因为果酱明胶化太强，牢牢地粘在罐子底部。如果想用苹果果冻制造空化现象，就必须一直晃动罐子，直到果冻完全稀释，物理效果才会出现，可是如果这样做以后，果冻看起来已不再让人有食欲。

因此，我们十分推荐另一个更加壮观的实验：通过空化作用敲掉瓶底。

实验：让瓶底爆开

实验需要：

- 一个玻璃瓶（汽水瓶、柠檬水瓶、啤酒瓶，都可以），最好可以密封
- 一些水
- 锤子或一块木头（如劈柴）
- 水桶
- 防护手套
- 一点儿勇气

方法如下：

将瓶子装满水，直到刚好低于瓶口边缘。在桶上方，用一只手（请戴上手套）抓住瓶颈，另一只手拿着锤子，用力敲打瓶盖。瓶子的底部发生破裂，水流入桶中。如果实验不会立刻成功，就像鲁尔区那里的人常说的那样，那就加把劲儿，再试一次。最终一定会成功。

在这个实验中，一开始我们也只是看到瓶子破裂，但如果用高速摄像机拍摄，就可以看到底部出现了几个气泡，这些气泡在很短的时间后内爆，将瓶底射掉。枪蟹在此发来了问候。

互联网上流传着一些视频，视频中的壮汉以这种方式敲掉了瓶子的底部。他们经常将此解释为敲打产生过大的压力，因此瓶中空气压在水上，进而使瓶底破碎。事实并非如此。按照这种说法，我们必须将 3 升压缩空气灌入瓶中，这是很难做到的。另外，该实验技巧也适用于密封瓶。

然而，用这种方法不可能敲掉气泡饮料的底部。用矿泉水或柠檬水做这个试验都不可能成功。这是因为饮料中的二氧化碳起到了缓冲器作用。

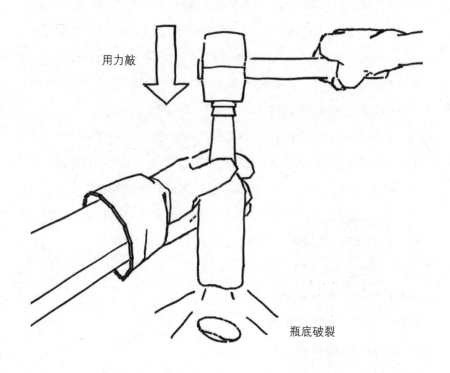

用力敲

瓶底破裂

它会膨胀并阻止强烈的压力波动的出现。在没有负压的地方，也不会产生空化气泡。

空化效应与减肥

原则上，只要有大量液体存在，都可能出现空化现象，人体中也是如此，因为人体主要由水组成。而如果小气泡在人体细胞中内爆并发出响声，对人体细胞是不利的。减肥行业试图将其加以利用。医生及美容师提供的服务是用超声波来射除客户不想要的细胞——大腿、腹部或臀部的脂肪细胞，目标是让这些细胞以可控的方式破裂，留下的脂肪和水的混合物由淋巴系统运走、从体内排出或者由肝脏分解利用。效果如何，我们还未考证。可以肯定的是，这需要几个疗程，并且治疗预算约 1000 欧元。专家还指出，这种疗法必须与改变饮食习惯、按摩和运动辅助结合才会有效——而这些措施即使没有空化作用通常也能帮助人们减肥。

更令人期待的是空化效应在康复医学中的作用。在癌症治疗领域，空化作用可以真正提供帮助。医生使用高强度聚焦超声波进行肿瘤靶向治疗。空化气泡在人体组织中形成、内爆并切断肿瘤的血液供应。该方法相对较新，还处于进一步研究中，但已有的治疗显示效果还是非常成功的。鉴于此，我们可以原谅空化效应对航运的干扰，你说呢？

日常干扰系数 🌧️🌧️🌧️🌧️🌧️

生活妙招系数 💡💡💡💡💡

潜在灾难系数 💣💣💣💣💣

致谢

本书的撰写过程中，我们遇到一个引人入胜的物理话题——时间。正如我们所知，时间是相对的。书稿初始，总觉得似乎有很多时间。然后，我们发现，时间如白驹过隙，不得不真正地开始行动起来，所有的事情都需要时间，我们的时间看起来不太够用。因此，我们衷心感谢扬尼克、斯万杰、约瑟菲娜和米歇尔，他们在精神上给予我们大力支持，轮流来为我们提供一日三餐，并对我们在餐桌上也谈论物理学时予以容忍。

非常感谢我们的经纪人，企鹅兰登书屋的彼得·莫尔登和杰西卡·海恩给予我们的关怀，感谢卡努特·科尔谢斯和史蒂芬·豪斯勒对本书进行了建设性且严明的审校。在科学方面，我们得到了斯韦特兰娜·古特尚克、托拜厄斯·哈普、格哈德·海旺、伯恩哈德·尼曼和托马斯·塞登斯迪克的大力支持，在此表示感谢。

我们被允许在可以眺望瓦登海美景的特殊条件下书写本书的一部分，在因新冠疫情而被封锁期间，学校的课程则直接在我们的海岛之家进行线上讲授。非常感谢你们，玛格特和约阿希姆，让这一切成为可能。没有什么比在僻静的北海海滩度过时间压力更美好的事情了。